Nebiha Ben Sedrine

Effet du dopage au Silicium sur les propriétés optiques de GaAsN

Nebiha Ben Sedrine

Effet du dopage au Silicium sur les propriétés optiques de GaAsN

Alliages semiconducteurs nitrurés dilués pour l'optoélectronique

Presses Académiques Francophones

Impressum / Mentions légales

Bibliografische Information der Deutschen Nationalbibliothek: Die Deutsche Nationalbibliothek verzeichnet diese Publikation in der Deutschen Nationalbibliografie; detaillierte bibliografische Daten sind im Internet über http://dnb.d-nb.de abrufbar.

Alle in diesem Buch genannten Marken und Produktnamen unterliegen warenzeichen-, marken- oder patentrechtlichem Schutz bzw. sind Warenzeichen oder eingetragene Warenzeichen der jeweiligen Inhaber. Die Wiedergabe von Marken, Produktnamen, Gebrauchsnamen, Handelsnamen, Warenbezeichnungen u.s.w. in diesem Werk berechtigt auch ohne besondere Kennzeichnung nicht zu der Annahme, dass solche Namen im Sinne der Warenzeichen- und Markenschutzgesetzgebung als frei zu betrachten wären und daher von jedermann benutzt werden dürften.

Information bibliographique publiée par la Deutsche Nationalbibliothek: La Deutsche Nationalbibliothek inscrit cette publication à la Deutsche Nationalbibliografie; des données bibliographiques détaillées sont disponibles sur internet à l'adresse http://dnb.d-nb.de.

Toutes marques et noms de produits mentionnés dans ce livre demeurent sous la protection des marques, des marques déposées et des brevets, et sont des marques ou des marques déposées de leurs détenteurs respectifs. L'utilisation des marques, noms de produits, noms communs, noms commerciaux, descriptions de produits, etc, même sans qu'ils soient mentionnés de façon particulière dans ce livre ne signifie en aucune façon que ces noms peuvent être utilisés sans restriction à l'égard de la législation pour la protection des marques et des marques déposées et pourraient donc être utilisés par quiconque.

Coverbild / Photo de couverture: www.ingimage.com

Verlag / Editeur:
Presses Académiques Francophones
ist ein Imprint der / est une marque déposée de
OmniScriptum GmbH & Co. KG
Heinrich-Böcking-Str. 6-8, 66121 Saarbrücken, Deutschland / Allemagne
Email: info@presses-academiques.com

Herstellung: siehe letzte Seite /
Impression: voir la dernière page
ISBN: 978-3-8416-2544-1

MEMOIRE DE MASTER

Présenté
A la Faculté des Sciences de Tunis

Par

Nebiha BEN SEDRINE

Etudiante-chercheur au Laboratoire de Photovoltaïque et des Semiconducteurs à l'Institut
National de Recherche Scientifique et Technique.

Pour obtenir le diplôme de

Master en Physique Quantique

Sujet :

Effet du dopage au silicium
sur les propriétés optiques de GaAsN

Soutenue le: 29 Avril 2006, devant le jury :

Mme. Najoua KAMMOUN	Président
Mr. Mehrzi WESLATI	Membre
Mr. Radhouane CHTOUROU	Encadreur

"An experiment is a question which Science poses to Nature,
And a measurement is the recording of the Nature's answer."
Max Planck

"Light bring us the news of the Universe."
Sir William H. Bragg

Remerciements

Ce travail a été réalisé au Laboratoire de Photovoltaïque et des semiconduceurs (LPVS) de l'Institut National de Recherche Scientifique et Technique (INRST) à Borj Cédria, sous la direction du Professeur Radhouane CHTOUROU. Je tiens à lui exprimer ma profonde gratitude pour m'avoir accueilli dans son équipe, de m'avoir fait bénéficier de ses compétences scientifiques et techniques.

J'adresse aussi mes remerciements au directeur de notre laboratoire (LPVS), Professeur Hatem EZZAOUIA, pour sa générosité et ses nombreux conseils. Un grand merci aussi à tous les collègues du laboratoire: chercheurs, ingénieurs, techniciens, ouvriers, ainsi que le personnel administratif, qui m'ont accueilli chaleureusement dans leur grande famille, et m'on aidé chacun de son côté à avoir de meilleures conditions de travail.

J'exprime ma profonde gratitude à Madame Najoua KAMMOUN de m'avoir fait l'honneur d'accepter la présidence du jury de ce mémoire, et je remercie également Monsieur le professeur Mehrzi WESLATI d'avoir bien voulu être membre du jury.

J'aimerai remercier particulièrement mon Professeur Habib BOUCHRIHA, pour son immense soutient, ses encouragements, sa grande générosité, et ses qualités scientifiques hors normes.

Je remercie également mon Professeur Raouf BENNACER, pour m'avoir beaucoup encouragé et soutenu pendant ces deux années de Master.

Je souhaite exprimer mes respectueux remerciements à mon Professeur Taher JERAD pour ses conseils, sa grande gentillesse et ses qualités scientifiques.

Je voudrai remercier les membres de notre équipe : M. Maghrbi, F. Bousbih, S. Benbouzid, J. Zinoubi, A. Hamdouni, M. Lajnef, J. Rihani et R. Hannachi, pour tous leurs conseils et leur bonne humeur.

Un remerciement particulier au Professeur J. C. Harmand, Directeur de Recherche au Laboratoire de Photonique et des Nanostructures (LPN) du CNRS pour nous avoir fait bénéficier d'échantillons d'une grande qualité.

J'aimerai exprimer mon immense gratitude à tous les professeurs qui m'ont soutenus pendant toutes ces années d'étude et m'ont transmis généreusement leur savoir et leur goût à la Recherche.

Finalement, ce travail n'aurait pas vu le jour sans le soutient et les encouragements interminables de tous les membres de ma famille ainsi que mes amis, un grand MERCI à tous.

Liste des tableaux

Liste des figures

Table des matières

Introduction

Les semiconducteurs III-V, élaborés à partir d'éléments des groupes III et V, comptent parmi les plus importants de point de vue technologique pour les applications en microélectronique [1]. Parmi ces composés, le GaAs et l'AlGaAs ont trouvé une plus large utilisation en raison de leur technologie hautement développée. Malgré les propriétés intéressantes du GaAs pour la production de composants mémoire et de processeurs dans les circuits intégrés, le Silicium est encore le matériau semiconducteur dominant en industrie. Le plus gros impact de ces semiconducteurs composés est que, par leurs propriétés uniques, ils sont plus performants que le Silicium.

Les semiconducteurs III-V sont généralement utilisés dans la fabrication de composants optoélectroniques, par exemple : diodes laser émettant dans le rouge, diodes émettant dans le spectre visible (AlGaAs) et dans le spectre infra-rouge (GaAs) utilisées dans les lecteurs CD et DVD. Le transport d'informations par fibres optiques est aussi réalisé par des diodes laser de GaAs. Le GaAs est aussi d'un grand intérêt dans les applications à haute fréquence [2]; la masse effective des électrons dans GaAs est seulement le 1/16 de celle dans le Silicium, d'où une plus grande mobilité des électrons. Le GaAs est aussi à la base de circuits intégrés d'appareils de réception et d'amplification dans les satellites de Télévision et de Radio, et même dans la téléphonie mobile. Dans l'optoélectronique, contrairement au Silicium, le GaAs est à gap direct, avec une valeur d'énergie dans le proche infra-rouge (E_g =1.42 eV à température ambiante).

L'intérêt pratique des semiconducteurs III-V est encore considérablement renforcé par la possibilité de réaliser des alliages par substitution partielle de l'un des éléments par un autre de la même colonne [1]. Et pour acquérir un plus large intérêt des propriétés optiques et électroniques, nous procédons à l'introduction d'impuretés [3]. Il s'agit de la méthode de dopage, qui consiste à introduire volontairement des atomes étrangers dans le matériau semiconducteur, contrairement aux impuretés natives déjà existantes. Selon que les dopants introduits libèrent (ou captent) des électrons dans le matériau hôte, ils sont appelés donneurs (ou accepteurs). Jusqu'à lors, le dopage des alliages III-V-N avec des atomes donneurs reste encore un domaine faiblement exploré [4].

Dans le cadre de ce mémoire, nous présentons une étude expérimentale par photoluminescence sur des couches de GaAsN dopées au silicium. Dans le premier chapitre, nous donnerons une description de la structure cristalline, de la structure de bandes des matériaux III-V (en particulier celles de GaAs), ainsi que des propriétés optiques et des conditions d'interaction rayonnement-semiconducteur. Le second chapitre sera, en première partie, consacré à une étude théorique qui traitera le modèle d'anticroisement de bandes (BAC) ayant permis une meilleure explication des faits expérimentaux inhabituels (tels que : la diminution de l'énergie de la bande interdite, l'augmentation de la masse effective et le paramètre de courbure géant) suite à l'incorporation de l'azote dans la matrice de GaAs. Dans la seconde partie de ce chapitre, nous aborderons l'effet du dopage sur les couches de GaAsN. Dans le chapitre III, nous passerons à une description détaillée des échantillons et de la technique expérimentale de caractérisation utilisée : la photoluminescence. Finalement, le dernier chapitre énumèrera les résultats expérimentaux et les interprétations correspondantes. L'étude consiste à étudier l'effet du silicium (dopage n) sur des couches de $GaAs_{1-x}N_x$ ayant la même composition d'azote (x = 0.015), en se référant à un échantillon non dopé. Ensuite, nous aborderons l'effet de la température, qui nous permettra d'identifier les différentes transitions observées, de déterminer la dépendance du gap optique en fonction de la température, ainsi que les énergies d'activation mises en jeu. Enfin, nous étudierons l'effet de la puissance d'excitation sur le comportement des échantillons. Nous terminerons ce mémoire par une conclusion générale.

Chapitre I :

Propriétés des Matériaux III-V

L'étude des propriétés des composés binaires III-V en particulier leurs structures de bandes [1], montre que les éléments les plus légers donnent des composés à large bande interdite, dont les propriétés se rapprochent de celles des isolants, et dont le gap est indirect. Dans cette catégorie, nous pouvons inclure les composés contenant du Bore, de l'Aluminium, ou de l'Azote, et le Phosphure de Gallium GaP. Ceux-ci ont, en général, peu d'intérêt pour l'électronique rapide, qui demande des semiconducteurs à forte mobilité des porteurs, ni pour l'optoélectronique où une structure de bande directe est nécessaire pour une grande efficacité des transitions optiques. D'autre part, les éléments lourds, comme le Thallium ou le Bismuth, donnent des composés à caractère métallique. C'est pour cela qu'on s'est tourné essentiellement sur les composés à base de Gallium (GaAs, GaSb), ou d'Indium (InP, InAs), dont les propriétés sont les plus intéressantes. Le tableau I-1 donne l'énergie de bande interdite ainsi que le paramètre de maille de quelques composés III-V à la température ambiante.

Composé III-V	E_g(eV)	a (A°)	Structure de bandes
AlSb	1.58	6.138	à gap indirect
GaP	2.26	5.449	à gap indirect
GaAs	1.42	5.653	à gap direct
GaSb	0.72	6.095	à gap direct
InP	1.35	5.868	à gap direct

TableauI-1 : *Paramètres caractéristiques de quelques composés III-V à 300 K.*
E_g: énergie de bande interdite et a : paramètre de maille du cristal. [1]

Dans ce chapitre, nous présentons quelques propriétés cristallines, électroniques et optiques des matériaux semiconducteurs III-V et en particulier celles du matériau GaAs.

13

I. Structure cristalline des matériaux III-V :

I. 1. Structure de blende de zinc :

Les semiconducteurs III-V formés à partir de (Al, Ga, In) d'une part, et de (P, As, Sb) d'autre part, cristallisent dans la structure de type blende de zinc (Figure I-1). Le réseau cristallin d'une telle structure peut être décomposé en deux sous-réseaux, l'un constitué d'atomes de la colonne III et l'autre d'atomes de la colonne V, cubiques à faces centrées interpénétrés. Les deux sous-réseaux sont décalés l'un par rapport à l'autre selon la diagonale du cube, d'une quantité (a/4, a/4, a/4), où a est le paramètre cristallin (qui représente la longueur de l'arête du cube élémentaire). Chaque atome se trouve au centre d'un tétraèdre régulier dont les sommets sont occupés par un atome de l'autre espèce. La maille élémentaire à partir de laquelle nous pouvons reconstituer le cristal entier par un ensemble de translations, est formée par un atome de chaque type, elle contient donc deux atomes.

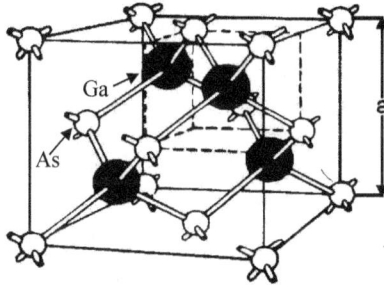

Figure I-1: *Structure cristalline de blende de zinc de GaAs* [5].

Remarque : Structure cristalline des matériaux III-V-N :

Les alliages III-V-N tels que : $GaAs_{1-x}N_x$, cristallisent aussi dans la structure de blende de zinc et les valeurs (1-x) et (x) indiquent respectivement les probabilités qu'un nœud du sous-réseau des anions soit occupé par un atome d'arsenic ou d'azote. Le paramètre de maille de GaAsN est compris entre celui de GaAs (5,65A°) et de GaN cubique (4,51A°) [6].

I. 2. Première zone de Brillouin :

A partir du réseau cristallin, nous pouvons définir le réseau réciproque, qui représente le système de coordonnées correspondant à l'énergie des états électroniques en fonction du vecteur d'onde $\vec{k}$ [64]. Le réseau réciproque associé à la structure de type blende de zinc est cubique centré. La maille élémentaire du réseau réciproque correspond à la première zone de

Brillouin qui est un octaèdre régulier (figure I-2). La première zone de Brillouin présente des points de haute symétrie qui sont:

* Γ : centre de symétrie, situé au centre de la zone de Brillouin.

* Trois axes de symétrie équivalents [100], [010] et [001], coupant le bord de la première zone de Brillouin en six points X.

* Quatre axes équivalents [111], coupant le bord de la zone de Brillouin en huit points L.

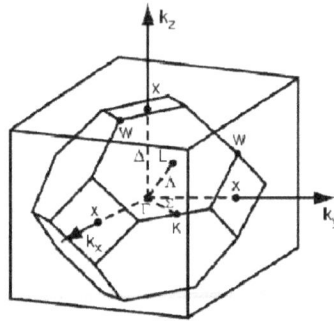

Figure I-2: Première zone de Brillouin d'un cristal du type blende de zinc [5].

Par convention [5], nous notons les points et les lignes de hautes symétrie situés à l'intérieur de la zone de Brillouin par des lettres grecques, et ceux situés sur la surface de zone par des lettres romaines. Les trois directions de haute symétrie sont notées :

* direction $\overline{\Gamma \quad \Delta \quad X}$: [±100], [0±10], [00±1].

* direction $\overline{\Gamma \quad \Lambda \quad L}$: [±111], [1±11].

* direction $\overline{\Gamma \quad \Sigma \quad K}$: [110].

La symétrie de la zone de Brillouin résulte de celle du réseau direct et est par conséquent reliée à la symétrie du cristal.

II. Structures de bandes d'énergie :

Les bandes d'énergie donnent les états d'énergie possibles pour les électrons en fonction de leur vecteur d'onde. Nous les représentons dans l'espace réciproque pour des raisons de simplifications dans les directions de plus hautes symétries de la première zone de Brillouin (figure I-2). Ces bandes se décomposent en bandes de valences (BV) et en bandes de conductions (BC) (figure I-3).

L'allure générale des bandes est la même pour tous les composés III-V ; en effet, la structure de bandes est directe (c'est à dire que le maximum de la BV et le minimum de la BC sont situés au centre Γ de la zone de Brillouin $\vec{k} = \vec{0}$). Le minimum central de la BC correspond à une forte courbure, donc à des électrons de faible masse effective, c'est à dire très mobiles. D'autre part, il existe des minimums secondaires en bordure de la zone de Brillouin : 8 vallées de type L et 6 vallées de type X. Ces minimums sont plus plats, donc les électrons correspondant y possèdent une plus faible mobilité.

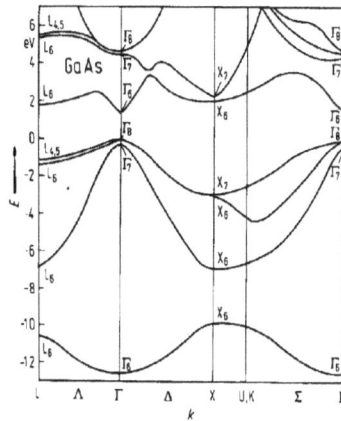

Figure I-3*: Structure de bandes de GaAs* [5].

III. Propriétés optiques dans les semiconducteurs : couches minces

III. 1. Interaction électron-photon :

L'étude de l'interaction entre les couches minces semiconductrices et la lumière, par des processus d'absorption ou d'émission, nous permet d'accéder aux propriétés électroniques de ces matériaux. Au cours de ce développement, nous nous placerons dans l'approximation semi-classique, dans laquelle le cristal est traité quantiquement, tandis que le rayonnement est traité classiquement. Cette approximation est suffisante pour décrire les phénomènes d'absorption et d'émission de lumière par le cristal.

Nous considérons un cristal éclairé par une onde électromagnétique de fréquence ω, de vecteur d'onde $\vec{q}$, de polarisation $\vec{\varepsilon}$, décrite par un potentiel vecteur $\vec{A}(\vec{r},t)$:

$$\vec{A}(\vec{r},t) = A_0.\vec{\varepsilon}.\{\exp i(\vec{q}.\vec{r} - \omega t) + \exp - i(\vec{q}.\vec{r} - \omega t)\} \qquad \text{eqI-4}$$

Le Hamiltonien d'un électron (-e) ('e' la charge élémentaire) soumis à un potentiel cristallin $V(\vec{r})$ et à une onde électromagnétique $\vec{A}(\vec{r},t)$, s'écrit sous la forme :

$$H = \frac{1}{2m_0}(\vec{p} + e\vec{A})^2 + V(\vec{r}) \qquad \text{eqI-5}$$

où $\qquad \vec{p} = -i\hbar\vec{\nabla}$: l'opérateur moment $\qquad\qquad$ eqI-6

soit $\qquad H = H_0 + H_{int}$ $\qquad\qquad\qquad\qquad$ eqI-7

où $\qquad H_0 = \frac{p^2}{2m_0} + V(\vec{r})$ $\qquad\qquad\qquad$ eqI-8

H_0 : Hamiltonien d'un électron non perturbé, c'est à dire n'étant soumis qu'au potentiel cristallin (en absence de l'onde électromagnétique).

et $\qquad H_{int} = \frac{e}{2m_0}(\vec{p}.\vec{A} + \vec{A}.\vec{p}) + \frac{e^2}{2m_0}A^2 \qquad$ eqI-9

H_{int} : Hamiltonien décrivant l'interaction du semiconducteur avec l'onde électromagnétique.

Remarques :

* Dans l'équation I-9, nous négligeons le terme en A^2, puisqu'il donne lieu à des effets non linéaires.

* Nous travaillons avec la jauge de Coulomb : $\qquad div\vec{A} = 0 \qquad\qquad$ eqI-10

Si nous appliquons le commutateur : $[\vec{p}, \vec{A}] = \vec{p}.\vec{A} - \vec{A}.\vec{p}$ à une fonction d'onde $\psi(\vec{r})$, nous aurons :

$$[\vec{p}, \vec{A}]\psi(\vec{r}) = (\vec{p}.\vec{A} - \vec{A}.\vec{p}).\psi(\vec{r}) = (\frac{\hbar}{i}\vec{\nabla}.\vec{A} - \frac{\hbar}{i}\vec{A}.\vec{\nabla}).\psi(\vec{r})$$

$$= \frac{\hbar}{i}div\vec{A}.\psi(\vec{r}) - \vec{A}.\frac{\hbar}{i}\vec{\nabla}\psi(\vec{r}) + \vec{A}\vec{\nabla}\psi(\vec{r}).\frac{\hbar}{i}$$

$$= \frac{\hbar}{i}div\vec{A}.\psi(\vec{r})$$

$$= 0 \quad (\text{puisque } div\vec{A} = 0).$$

17

donc
$$\vec{p}.\vec{A} = \vec{A}.\vec{p}$$
eqI-11

Les simplifications précédentes permettent de réécrire le Hamiltonien d'interaction rayonnement-matière sous la forme :

$$H_{\text{int}} = \frac{e}{m_0} \vec{A}.\vec{p}$$
eqI-12

La théorie des perturbations dépendantes du temps constitue une méthode adéquate pour étudier l'effet d'un champ de radiation sur les états électroniques du cristal. La règle d'or de Fermi [7] donne la probabilité de transition par unité de temps d'un état initial $|\psi_i\rangle$, d'énergie E_i, vers un état final $|\psi_f\rangle$, d'énergie E_f :

$$\overline{P}_{if} = \frac{2\pi}{\hbar} (\frac{eA_0}{m_0})^2 . \left|\langle \psi_f \left| \exp(i\vec{q}.\vec{r})\vec{\varepsilon}.\vec{p} \right| \psi_i \rangle\right|^2 . \delta(E_f - E_i - \hbar\omega)$$
eqI-13

Pour qu'il y ait effectivement transition entre les états $|\psi_i\rangle$ et $|\psi_f\rangle$, il faut que l'état initial soit occupé, et que l'état final soit vide. Donc la probabilité à considérer est :

$$P_{if} = \overline{P}_{if} . f(E_i).\{1 - f(E_f)\}$$
eqI-14

où $f(E_i) = \dfrac{1}{1 + \exp\{\beta(\varepsilon_i - \mu)\}}$: taux d'occupation du niveau $|\psi_i\rangle$, d'énergie E_i.   eqI-15

$f(E_f) = \dfrac{1}{1 + \exp\{\beta(\varepsilon_f - \mu)\}}$: taux d'occupation du niveau $|\psi_f\rangle$, d'énergie E_f.   eqI-16

Le terme $\{1 - f(E_f)\}$ représente donc le taux correspondant à ce que le niveau $|\psi_f\rangle$, d'énergie E_f soit vide.

Avec $\beta = \dfrac{1}{k_B T}$, où T est la température, k_B est la constante de Boltzmann.

et μ est le potentiel chimique de l'électron.

Dans l'équation I-13, nous posons :

$$\vec{M}_{if}(\vec{k}) = \langle \psi_f \left| \exp(i\vec{q}.\vec{r}).\vec{p} \right| \psi_i \rangle$$
eqI-17

$\vec{M}_{if}$ est un terme proportionnel à l'élément de matrice dipolaire.

III. 2. Transitions inter-bandes dans les couches minces :

Nous considérons un semiconducteur à gap direct, les électrons sont décrits par les fonctions de Bloch suivantes :

$$\psi_i(\vec{r},\vec{k}_i) = \frac{1}{\sqrt{N}} U_{n_i,\vec{k}_i}(\vec{r}).\exp(i\vec{k}_i.\vec{r}) \qquad\qquad \text{eqI-18}$$

$$\psi_f(\vec{r},\vec{k}_f) = \frac{1}{\sqrt{N}} U_{n_f,\vec{k}_f}(\vec{r}).\exp(i\vec{k}_f.\vec{r}) \qquad\qquad \text{eqI-19}$$

Où N est le nombre de cellules élémentaires dans le cristal.

U_{n_i} et U_{n_f} sont les parties périodiques des fonctions de Bloch, de même périodicité que le réseau cristallin, correspondant respectivement aux sous-bandes n_i et n_f.

Nous considèrerons par la suite que U_{n_i} et U_{n_f} sont normalisées dans le volume Ω_0 d'une cellule élémentaire (avec $\Omega = N\Omega_0$: le volume du cristal).

En considérant les équations I-17, I-18 et I-19, l'élément de matrice de la transition optique directe s'écrit :

$$\vec{\varepsilon}.\vec{M}_{if}(\vec{k}) = \vec{\varepsilon}.\langle \psi_f | \exp(i\vec{q}.\vec{r}).\vec{p} | \psi_i \rangle$$

$$= \vec{\varepsilon}.\frac{1}{N}.\int_{\Omega} (\exp(-i\vec{k}_f.\vec{r}).U_{n_f,\vec{k}_f}^*(\vec{r})).\exp(i\vec{q}.\vec{r}).\vec{p}.(U_{n_i,\vec{k}_i}(\vec{r}).\exp(i\vec{k}_i.\vec{r})).d^3\vec{r} \qquad \text{eqI-20}$$

Or $\vec{p} = -i\hbar\vec{\nabla}$ agit sur $\psi_i(\vec{r},\vec{k}_i)$ comme suit :

$$\vec{p}.\psi_i(\vec{r},\vec{k}_i) = \frac{1}{\sqrt{N}}\vec{p}(U_{n_i,\vec{k}_i}(\vec{r}).\exp(i\vec{k}_i.\vec{r}) = \frac{1}{\sqrt{N}}.\exp(i\vec{k}_i.\vec{r})\left[\vec{p} + \hbar\vec{k}_i\right]U_{n_i,\vec{k}_i}(\vec{r}) \qquad \text{eqI-21}$$

ainsi, l'équation I-20 devient :

$$\vec{\varepsilon}.\vec{M}_{if}(\vec{k}) = \vec{\varepsilon}.\frac{1}{N}.\int_{\Omega} (\exp(i(\vec{k}_i - \vec{k}_f + \vec{q}).\vec{r}).U_{n_f,\vec{k}_f}^*(\vec{r}).\left[\vec{p} + \hbar\vec{k}_i\right]U_{n_i,\vec{k}_i}(\vec{r}).d^3\vec{r} \qquad \text{eqI-22}$$

Nous posons : $\quad \vec{r} = \vec{R}_l + \vec{r}'$ \hfill eqI-23

et $\quad I = \int_{\Omega} (\exp(i(\vec{k}_i - \vec{k}_f + \vec{q}).\vec{r}').U_{n_f,\vec{k}_f}^*(\vec{R}_l + \vec{r}').\left[\vec{p} + \hbar\vec{k}_i\right]U_{n_i,\vec{k}_i}(\vec{R}_l + \vec{r}').d^3\vec{r}'$ \hfill eqI-24 l'équation I-21 devient alors :

$$\vec{\varepsilon}.\vec{M}_{if}(\vec{k}) = \vec{\varepsilon}.\frac{1}{N}.\sum_{l} \exp(i(\vec{k}_i - \vec{k}_f + \vec{q}).\vec{R}_l).I \qquad \text{eqI-25}$$

ainsi, la ($\sum_{l}$) précédente n'est différente de zéro que si $(\vec{k}_i - \vec{k}_f + \vec{q})$ est un vecteur de translation du réseau réciproque.

Dans la première zone de Brillouin, nous avons :

$$(\vec{k}_i - \vec{k}_f + \vec{q}) = \vec{0} \qquad \text{eqI-26}$$

Dans le domaine de longueur d'onde visible, le module du vecteur d'onde $\vec{q}$ de l'onde lumineuse est 1000 fois plus petit que celui du bord de zone, nous pouvons donc le négliger ($\|\vec{q}\| \approx 0$), par suite, les transitions optiques sont considérées verticales si et seulement si la condition suivante est vérifiée: $\vec{k}_i = \vec{k}_f$.

Chapitre II :

Modèle d'anticroisement de bandes dans les alliages III-V-N et effet du dopage

Dans la première partie de ce chapitre, nous présentons le modèle d'anticroisement de bandes et le développement théorique qui a permis son utilisation simple et facile. La seconde partie sera consacrée à une étude de l'effet du dopage, qui nous permettra de déterminer les énergies d'ionisation des donneurs et des accepteurs dans les couches de $GaAs_{1-x}N_x$, ainsi que la dépendance du niveau de Fermi en fonction du dopage.

I. Modèle d'anticroisement de bandes :

I. 1. Introduction :

L'intérêt pratique des semiconducteurs III-V est encore considérablement renforcé par la possibilité de réaliser des alliages par substitution partielle de l'un des éléments par un autre de la même colonne. Actuellement, il est possible d'obtenir des alliages ternaires du type $GaAs_{1-x}N_x$.

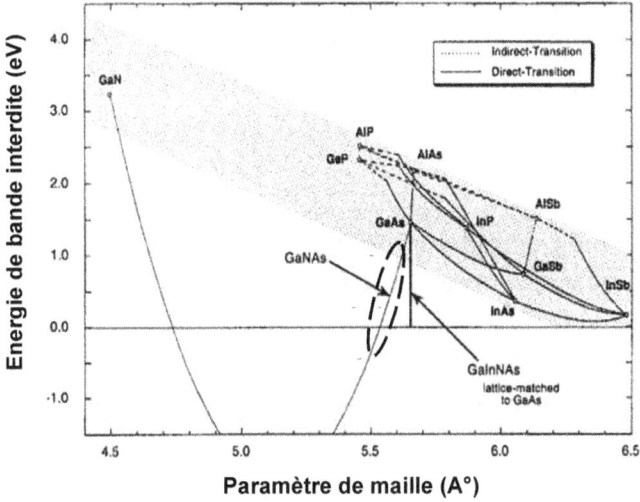

Figure II-1 : *Energie de bande interdite en fonction du paramètre de maille pour les semiconducteurs les plus usuels* [8].

La figure II-1 montre la valeur de l'énergie de bande interdite de quelques semiconducteurs III-V en fonction du paramètre de maille. La partie limitée par des traits discontinus représente notre domaine de travail, c'est à dire des composés $GaAs_{1-x}N_x$ ayant de faibles concentrations d'azote ($x \approx 0.01$). Nous remarquons qu'il est possible d'obtenir des matériaux dont le gap, et donc les propriétés optiques, varient dans une large gamme. Il existe cependant une contrainte importante pour la fabrication de ce type de matériaux réalisés en couches minces par croissance épitaxiale sur un substrat binaire : le paramètre cristallin doit être très proche de celui du substrat.

La tendance générale qui apparaît sur le diagramme II-1 est la suivante : plus le paramètre de maille est faible, plus l'énergie de bande interdite est élevée. Ceci est aussi valable pour les alliages ternaires usuels (GaInAs, InAsSb, GaAsSb,....), dont l'énergie de bande interdite

22

s'écarte peu de la moyenne pondérée des bandes interdites des deux composés binaires qui les constituent. Ainsi, si un alliage ternaire est composé des binaires A et B avec les fractions x et (1-x) respectivement, son énergie de bande interdite s'exprime par la relation quadratique [6] :

$$E_g (A_x B_{1-x}) = x. \, E_g \, (A) + (1-x). \, E_g \, (B) - b.x. \, (1-x) \qquad \text{eqI-3}$$

où $bx(1-x)$: représente l'écart à la loi d'interpolation linéaire

avec b : coefficient de courbure de l'alliage.

Ce facteur est typiquement de l'ordre de la fraction d'électronvolt et indépendant de la composition, par exemple pour le $Ga_{1-x}In_xAs$, b est égal à 0.45 eV. Pour le cas de l'alliage ternaire $GaAs_{1-x}N_x$, dont les composés binaires parents GaAs et GaN cubique ont des énergies de bande interdites respectives de 1.42 eV (proche infrarouge) et de 3.4 eV (ultraviolet) à la température ambiante, nous nous attendions à ce que le $GaAs_{1-x}N_x$ puisse décrire tout le spectre du visible (selon les valeurs de x). Or, quand la synthèse des alliages $GaAs_{1-x}N_x$ à faible teneur en azote devint techniquement possible, une forte diminution de l'énergie de bande interdite avec l'incorporation d'azote fut observée [9,10,11]. En effet, l'alliage $GaAs_{1-x}N_x$ (x < 0.05) possède un paramètre de courbure géant qui dépend de la composition d'azote : sa valeur est de l'ordre de 20 à 25 eV pour x < 0.01, et de 15 à 20 eV pour x > 0.01 [12,13]. Par conséquent, bien que le matériau $GaAs_{1-x}N_x$, cristallise dans la structure de blende de zinc, sa structure électronique est très différente de celle de ses composés binaires parents GaAs et GaN. L'origine de cet écart à la loi des mélanges réside dans la grande différence qui existe entre l'atome d'azote et l'atome d'arsenic, d'un point de vue électronégativité et taille (tableau II-1). La partie ci-dessous du tableau de classification périodique des éléments résume ces deux paramètres importants : rayon atomique et électronégativité.

colonne III	colonne IV	colonne V
B (Z=5)	**C (Z=6)**	**N (Z=7)**
R_a=0.88 A°	R_a=0.77 A°	R_a=0.70 A°
Electronégativité=2.0	Electronégativité=2.5	Electronégativité=3.1
Al (Z=13)	**Si (Z=14)**	**P (Z=15)**
R_a=1.26 A°	R_a=1.17 A°	R_a=1.1 A°
Electronégativité=1.5	Electronégativité=1.7	Electronégativité=2.0
Ga (Z=31)	**Ge (Z=32)**	**As (Z=33)**
R_a=1.26 A°	R_a=1.22 A°	R_a=1.18 A°
Electronégativité=1.8	Electronégativité=2.0	Electronégativité=2.2

Tableau II-1 : *Eléments de la classification périodique. R_a le rayon atomique dans le cas des liaisons covalentes et l'électronégativité de Pauling correspondante [14].*

Il a été trouvé que l'incorporation de seulement 1 % d'azote dans GaAs diminue d'environ 180 meV l'énergie de la bande interdite de l'alliage formé [15]. Ainsi, le GaAs$_{1-x}$N$_x$ permet d'avoir accès à une gamme d'énergie assez large dans l'infrarouge en faisant varier le pourcentage d'azote incorporé au sein de la matrice GaAs.

La compréhension de ces propriétés devenait alors un défi pour les méthodes théoriques [4,16,17,18,19] utilisées dans le calcul des structures de bandes électroniques.

Les premières études, limitées aux faibles concentrations d'azote, ont montré que celui-ci possède un effet assez prononcé sur les propriétés du matériau III-V. Les travaux [16,20,21] montrent que l'incorporation d'une quelconque impureté isovalente dans un matériau semiconducteur produisait des états localisés de type accepteur. La position du niveau d'énergie est déterminée par la nature et la force du potentiel local introduit par ce type d'impuretés. Des calculs théoriques ont permis de trouver que le fait de remplacer l'arsenic par le phosphore produisait un état d'énergie plus élevé dans la bande de conduction du GaAs que celui introduit par la substitution de l'arsenic par un atome d'azote. Celui-ci donne lieu à un état situé proche du minimum de la bande de conduction du GaAs [38].

Nous présentons dans ce qui suit le modèle d'anticroisement de bandes (en anglais : Band Anticrossing Model ou BAC Model), élaboré par *Shan et al* [16,22], qui a pu décrire la structure électronique et interpréter en partie les résultats expérimentaux trouvés. Ce modèle met en jeu une interaction entre les états localisés de l'impureté isovalente (azote) et les états étendus du semiconducteur III-V. Il s'agit d'étudier en premier lieu une théorie générale de la structure électronique des alliages ayant un désaccord de maille basée sur l'approximation du potentiel cohérent, puis de distinguer les effets de l'interaction d'anticroisement de bandes sur les paramètres de la structure de base.

I. 2. Modèle d'anticroisement de bandes :

I. 2. a. Théorie :

La structure électronique des alliages ayant un désaccord de maille (ex : GaAs$_{1-x}$N$_x$) peut être décrite en considérant l'interaction entre les états localisés de l'impureté isovalente (azote) notés $\left|\vec{L}\right\rangle$ et les états étendus du semiconducteur (GaAs) notés $\left|\vec{k}\right\rangle$ dans le cadre du modèle d'Anderson à n particules en utilisant l'approximation du potentiel cohérent (CPA). Nous admettons qu'il n'y a qu'une seule bande et qu'un seul niveau d'impureté qui sont mis en jeu lors de l'interaction. Le Hamiltonien total du système s'écrit sous la forme de trois termes [16,23,24,25,26]:

$$H = H_{e,k} + H_{e,L} + H_{k,L} \qquad \text{eqII-2}$$

avec:

$$H_{e,k} = \sum_k E_k^c c_k^+ c_k \qquad \text{eqII-3-a}$$

$H_{e,k}$ étant le Hamiltonien des électrons dans l'état de bande $\left|\vec{k}\right\rangle$ d'énergie E_k^c.

$$H_{e,L} = \sum_j E_j^L d_j^+ d_j \qquad \text{eqII-3-b}$$

$H_{e,L}$ étant le Hamiltonien des électrons localisés dans le site d'impureté 'j' d'énergie E_j^L.

$$H_{k,L} = \frac{1}{\sqrt{N}} \sum_j (e^{\vec{ij}.\vec{k}} V_{kj} c_k^+ d_j + c.c.) \qquad \text{eqII-3-c}$$

$H_{k,L}$ étant le Hamiltonien décrivant le couplage entre l'état de bande $\left|\vec{k}\right\rangle$ et l'état localisé $\left|\vec{L}\right\rangle$.

c_k, c_k^+ et d_j, d_j^+ : représentent respectivement les opérateurs d'annihilation et de création d'un électron dans l'état de bande $\left|\vec{k}\right\rangle$ et dans l'état localisé $\left|\vec{L}\right\rangle$.

$(c_k.c_k^+)$ et $(d_j.d_j^+)$: représentent respectivement les opérateurs nombre de fermions dans l'état de bande $\left|\vec{k}\right\rangle$ et dans l'état localisé $\left|\vec{L}\right\rangle$ et V_{kj} est un paramètre qui caractérise la force d'hybridation dans le schéma d'Anderson défini par [16,25,27] :

$$V_{kj} = \sum_l e^{i\vec{k}.(\vec{l}-\vec{j})} \int a^*(\vec{r}-\vec{l}) H_{HF}(\vec{r}) \varphi_L(\vec{r}-\vec{j}) d\vec{r} \qquad \text{eqII-4}$$

$a(\vec{r}-\vec{l})$: Fonction de Wannier correspondant à la fonction d'onde de la bande.

$\varphi_L(\vec{r}-\vec{j})$: Fonction de Wannier correspondant à la fonction d'onde localisée du j^{ème} site d'impureté.

$H_{HF}(\vec{r})$: Energie d'un électron dans l'approximation de Hartree-Fock [16,25,26,27].

Puisque :
$$\left\langle \vec{k} \left| H_{HF} \right| \vec{L} \right\rangle = \frac{1}{\sqrt{N}} \sum_{l,j} e^{i\vec{k}.\vec{l}} \int a^*(\vec{r} - \vec{l}) H_{HF}(\vec{r}) \varphi_L(\vec{r} - \vec{j}) d\vec{r}$$

$$= \frac{1}{\sqrt{N}} \sum_{j} e^{i\vec{k}.\vec{j}} \sum_{l} e^{i\vec{k}.(\vec{l}-\vec{j})} \int a^*(\vec{r} - \vec{l}) H_{HF}(\vec{r}) \varphi_L(\vec{r} - \vec{j}) d\vec{r}$$

$$= \frac{1}{\sqrt{N}} \sum_{j} e^{i\vec{k}.\vec{j}} V_{kj} \qquad \text{eqII-5}$$

La recherche des énergies propres du Hamiltonien du système revient à rechercher les pôles de la fonction de Green [5,16,25,28]définie par:

$$G_{kk'}(E) = \left\langle \left\langle c_k \left| c_{k'}^+ \right\rangle \right\rangle \right. \qquad \text{eqII-6}$$

L'équation vérifiée par la fonction de Green perturbée $G_{kk'}$ est :

$$G_{kk'} = \delta_{kk'} G_{kk}^{(0)} + \frac{1}{N} G_{kk}^{(0)} \sum_{k'',j} \widetilde{V} e^{i(\vec{k} - \vec{k}'').\vec{j}} G_{k'',k'} \qquad \text{eqII-7}$$

où :
$$G_{kk'}^{(0)} = \delta_{kk'} \frac{1}{E - E_k^c + i0^+} \qquad \text{eqII-8}$$

qui représente la fonction de Green non perturbée.

et
$$\widetilde{V} = \frac{V_{kj}.V_{kj}}{E - E_j^L} \approx \frac{V^2}{E - E_j^L} \qquad \text{eqII-9}$$

ce terme représente le paramètre d'interaction renormalisé, avec $V = \left\langle V_{kj} \right\rangle$ pour de faibles dépendances en $\vec{k}$ et $\vec{j}$. En effet, dans le cas le plus simple où tous les atomes d'impuretés sont du même type, la dépendance en j de V_{kj} est omise, c'est à dire :

$$V_{kj} \cong V_k = \sum_{l} e^{i\vec{k}.\vec{l}} \int a^*(\vec{r} - \vec{l}) H_{HF}(\vec{r}) \varphi_L(\vec{r}) d\vec{r} \qquad \text{eqII-10}$$

En plus, nous admettons que l'énergie de Hartree-Fock varie faiblement dans l'espace, c'est à dire qu'elle peut être remplacée par une constante ε_{HF} : $\quad H_{HF}(\vec{r}) \approx \varepsilon_{HF} \qquad$ eqII-11

il vient alors :

$$V_k = \varepsilon_{HF}.\sum_{l} e^{i\vec{k}.\vec{l}} \int a^*(\vec{r} - \vec{l}) \varphi_L(\vec{r}) d\vec{r} = \varepsilon_{HF}.\sum_{l} e^{i\vec{k}.\vec{l}}.I \qquad \text{eqII-12}$$

avec :
$$I = \int a^*(\vec{r} - \vec{l}) \varphi_L(\vec{r}) d\vec{r} \; : \text{intégrale de recouvrement} \qquad \text{eqII-13}$$

Etant donné le caractère localisé des fonctions $a(\vec{r})$ et $\varphi_L(\vec{r})$, l'intégrale de recouvrement I est nulle si ces fonctions sont localisées sur des sites loin l'un de l'autre.

Dans le but de modéliser la dépendance en $\vec{k}$ de V_k, l'intégrale de recouvrement précédente peut être remplacée par une fonction exponentielle décroissante :

$$I \approx e^{-\frac{l}{l_L}} \qquad \text{eqII-14}$$

nous obtenons [16,25] alors :
$$V_k \cong \frac{V_0}{(1+l_L^2 k^2)^2} \qquad \text{eqII-15}$$

où l_L représente la longueur caractéristique de décroissance de la fonction d'onde, qui est de l'ordre du paramètre de maille.

Les expériences [16,25] montrent que les valeurs de V_k obtenues au point L dans GaAs$_{1-x}$N$_x$ et au point X dans GaP$_{1-x}$N$_x$ sont jusqu'à quatre fois plus faibles que celles de V_k au point Γ ($k \approx 0$). Ce résultat indique que pour des points en dehors du centre de zone de la bande de conduction ne sont affectées par l'interaction d'anticroisement que si leurs énergies sont proches de l'état localisé. Dans le cas d'une seule impureté (j=0), la fonction de Green dans l'équation II-7 peut être résolue analytiquement dont la solution exacte a été obtenue par Anderson [16,27,29].

$$G_{kk'} = \delta_{kk'}G_{kk}^{(0)} + \frac{\widetilde{V}}{N}G_{kk}^{(0)}G_{k'k'}^{(0)}\left[1 - \frac{\widetilde{V}}{N}\sum_{k''}G_{k''k''}^{(0)}\right]^{-1} \qquad \text{eqII-16}$$

or
$$\sum_{k''}G_{k''k''}^{(0)} = \sum_{k'}\frac{1}{E - E_{k''}^c + i0^+} \approx i\pi\beta.N\rho_0(E^L) \qquad \text{eqII-17}$$

avec : $\rho_0(E)$: densité d'états non perturbée de E_k^c. Puisque ρ_0 dépend faiblement de l'énergie, elle peut être considérée constante au premier ordre ($\rho_0 \cong$ constante), avec une valeur effective égale à la densité d'états non perturbée évaluée en E^L et multipliée par un facteur β déterminé expérimentalement. Il vient alors :

$$\rho_{eff}(E) \approx \beta\rho_0(E^L) \qquad \text{eqII-18}$$

où $\rho_{eff}(E)$ représente la densité d'états effective non perturbée. En utilisant cette approximation, l'équation II-16 permet d'obtenir les énergies propres du système :

$$E = E_k^c \text{ et } E = E^L + i\pi\beta.V^2\rho_0(E^L) = E^L + i\Gamma_L \qquad \text{eqII-19}$$

Ces valeurs propres représentent les solutions du modèle d'Anderson à une impureté. Dans le cas où il n'y a qu'un seul atome d'impureté, le modèle se réduit au modèle d'Anderson à une impureté. Pour un système à n particules, il faut considérer des concentrations finies d'impuretés, ce qui revient à traiter des alliages dilués dont la composition x est telle que : $0 < x \ll 1$. En admettant que les atomes d'impuretés sont distribuées aléatoirement et de manière homogène dans l'espace, nous pouvons utiliser l'approximation du potentiel cohérent (CPA) [16,30,31,32]. Celle-ci consiste à prendre en compte la diffusion de chaque atome d'impureté tout en négligeant les corrélations entre leurs positions (puisqu'il y a une faible cohérence entre les sites d'impuretés distribués aléatoirement). La moyenne sur l'ensemble des particules permet à la fonction de Green de restaurer l'invariance par translation, et dont la forme diagonale peut s'écrire dans l'espace réciproque sous la forme [16,23,31,32] :

$$G_{kk}(E) = \left[E - E_k^c - \sigma(E) \right]^{-1}$$ eqII-20

où l'énergie propre moyenne $\sigma(E)$ est proportionnelle à la concentration x des impuretés [29] :

$$\sigma(E) = \frac{x\widetilde{V}}{1 - \dfrac{\widetilde{V}}{N} \sum_k G_{kk}} \equiv \frac{x\widetilde{V}}{1 - \widetilde{V}G(E)}$$ eqII-21

La fonction de Green moyenne *G(E)* définie dans l'équation II-21 est déterminée par l'équation self-consistante suivante:

$$G(E) = \frac{1}{N} \sum_{k \in ZB} \frac{1}{E - E_k^c - \sigma(E)}$$ eqII-22

En notant que, comme c'est le cas de l'équation II-17, la partie imaginaire du dénominateur dans l'équation II-22 est faible (puisqu'elle est proportionnelle à *x*), nous pouvons remplacer cette dernière au premier ordre d'approximation par l'équation II-17. L'équation II-20 devient alors :

$$G_{kk}(E) = \left[E - E_k^c - \frac{V^2.x}{E - E^L - i\pi\beta.V^2\rho_0(E^L)} \right]^{-1}$$ eqII-23

Les nouvelles relations de dispersion sont déterminées par les pôles de $G_{kk}(E)$, et les solutions sont données par les valeurs propres d'un problème équivalent à celui à deux états :

$$\begin{vmatrix} E_k^c - E(\vec{k}) & \gamma \\ \gamma & E^L + i\Gamma_L - E(\vec{k}) \end{vmatrix} = 0$$ eqII-24

Le terme $(\gamma = V.\sqrt{x})$ représente l'élément de matrice de perturbation, puisque γ^2 est proportionnel au nombre total d'atomes d'azote substitués lequel est proportionnel à la fraction molaire *x* dans l'alliage.

V : une constante de proportionnalité décrivant la perturbation

et

$$\Gamma_L = \pi\beta.V^2\rho_0(E^L)$$ eqII-25

étant le terme d'élargissement de l'état E^L dans le modèle d'Anderson à une impureté [16,26,33].

28

* si $\Gamma_L = 0$, alors, l'équation II-24 se réduit au modèle d'anticroisement de bandes, avec les nouvelles bandes de conduction [16,22] :

$$E_{\pm}(\vec{k}) = \frac{1}{2}\left[(E_k^c + E^L) \pm \sqrt{(E_k^c - E^L)^2 + 4V^2.x}\right]$$ eqII-26

Les bandes d'énergie (eqII-26), solutions de l'équation II-24, sont représentées sur la figure ci-dessous :

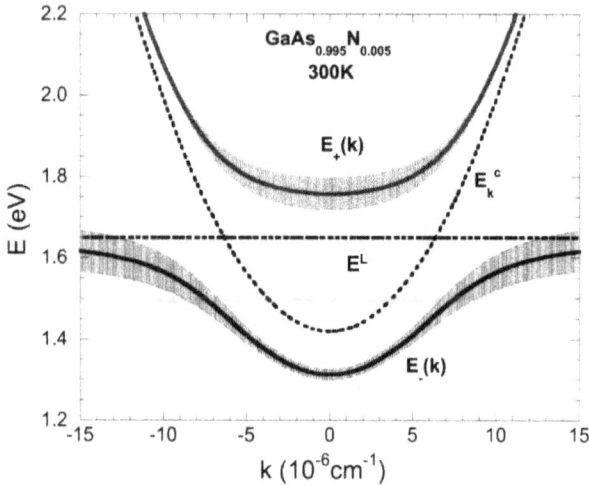

Figure II-2 : *Schéma de la structure des bandes d'énergie affectée par l'interaction d'anticroisement pour une température de 300 K et une composition d'azote x=0.005, par J. Wu et al. [29].*

Nous notons que la bande $E_-(k)$ est aplatie et décalée vers le bas, celle-ci est en effet responsable de plusieurs effets inhabituels notamment la réduction de l'énergie de bande interdite, ainsi que l'augmentation de la masse effective des électrons.

* si $\Gamma_L \neq 0$, mais $\Gamma_L \ll 1$, alors $2V\sqrt{x} \gg \Gamma_L \Rightarrow 2V\sqrt{x} \gg \pi\beta.V^2\rho_0(E_L)$

$$\text{et } |E_k^c - E^L| \gg \pi\beta.V^2\rho_0(E_L)$$

d'après la condition ci-dessus sur Γ_L, nous pouvons obtenir une approximation analytique de l'équation II-24 :

$$\widetilde{E}_{\pm}(\vec{k}) \cong E_{\pm}(\vec{k}) + i\Gamma_L \frac{(E_{\pm}(\vec{k}) - E_k^c)}{(E_{\pm}(\vec{k}) - E_k^c) + (E_{\pm}(\vec{k}) - E^L)} \qquad \text{eqII-27}$$

En posant
$$\Gamma_{\pm}(\vec{k}) = \Gamma_L \frac{(E_{\pm}(\vec{k}) - E_k^c)}{(E_{\pm}(\vec{k}) - E_k^c) + (E_{\pm}(\vec{k}) - E^L)} \qquad \text{eqII-28}$$

nous obtenons :
$$\widetilde{E}_{\pm}(\vec{k}) \cong E_{\pm}(\vec{k}) + i\Gamma_{\pm}(\vec{k}) \qquad \text{eqII-29}$$

$\operatorname{Re}(\widetilde{E}_{\pm}(\vec{k})) \equiv E_{\pm}(\vec{k})$: Modèle d'anticroisement de bandes.

et $\operatorname{Im}(\widetilde{E}_{\pm}(\vec{k})) \equiv \Gamma_{\pm}(\vec{k})$: Incertitude sur l'énergie induite par l'interaction d'anticroisement, c'est à dire que les niveaux E_+ et E_- possèdent des élargissements $\Gamma_+(\vec{k})$ et $\Gamma_-(\vec{k})$ respectivement .

I. 2. b. Effets de l'interaction d'anticroisement :

Les modifications introduites par l'interaction d'anticroisement sur la structure de bandes ont de très grands effets sur les propriétés des alliages en désaccord de maille. Ainsi, le paramètre d'élargissement lié à la durée de vie des porteurs dans la bande de conduction à partir du principe d'incertitude de Heisenberg $\Gamma.\tau \approx \hbar \Rightarrow \Gamma \approx \dfrac{\hbar}{\tau}$, impose aussi une limite à leur mobilité :

$$\mu = \frac{e.\tau(\vec{k}_f)}{m^*_-(\vec{k}_f)} \approx \frac{e.\hbar}{m^*_-(\vec{k}_f).\Gamma_-(\vec{k}_f)} \qquad \text{eqII-30}$$

où μ : représente la mobilité des électrons dans la bande inférieure $E_-(\vec{k})$ affectée par l'élargissement. Nous notons que la mobilité est aussi affectée par la modification de la masse effective induite par l'interaction d'anticroisement. Celle-ci peut être calculée à partir de l'équation de dispersion de $E_-(\vec{k})$ [16,34,35]:

$$m^*_-(\vec{k}_f) = \left| \frac{\hbar^2 k}{dE_-(\vec{k})/dk} \right|_{\vec{k}=\vec{k}_f} = m_0^* . \left| 1 + \frac{V^2 .x}{(E^L - E_-(\vec{k}_f))^2} \right| \qquad \text{eqII-31}$$

avec : m_0^* : masse effective des électrons d'énergie non perturbée E_k^c.

$\vec{k}_f$: vecteur d'onde de Fermi.

En combinant l'équation II-26 et l'équation II-31, nous obtenons une expression de la masse effective, dans le cas du GaAs$_{1-x}$N$_x$ [36]:

$$m_e^* \approx \left| \frac{\hbar^2 k}{dE_-(k)/dk} \right| = (m_{GaAs}^*)_e \cdot \left[1 + (\frac{V.x^{\frac{1}{2}}}{E^L - E_-})^2 \right] \qquad \text{eqII-32}$$

Le terme $\left[\dfrac{V.x^{\frac{1}{2}}}{E^L - E_-} \right]^2$ étant positif, nous remarquons une augmentation [37,63] de la masse

effective, qui a pour effet la réduction de la courbure de la bande de conduction inférieure correspondante à $E_-(\vec{k})$, et donc la diminution de la mobilité des électrons de conduction.

Le vecteur d'onde de Fermi $\vec{k}_f$ et l'énergie de Fermi $E_f = E_-(\vec{k}_f)$ sont déterminés par la concentration des électrons libres n calculées d'après la densité d'états restructurée $\rho(E)$ [16,38]:

$$n(E_f) = \int \frac{\rho(E).dE}{1 + \exp((E - E_f)/k_B T)} \qquad \text{eqII-33}$$

La densité est donnée à partir de la partie imaginaire de la fonction de Green :

$$\rho(E) = \frac{1}{\pi} \text{Im} \sum_k G_{kk}(E) = \frac{1}{\pi} \int \rho_0(E_k^c). \text{Im}[G_{kk}(E)] dE_k^c \qquad \text{eqII-34}$$

Le terme ($\rho_0(E_k^c).dE_k^c$) représente le nombre d'états dont l'énergie est comprise entre E_k^c et $E_k^c + dE_k^c$.

Dans la figure II-3 nous portons les densités d'états en fonction de l'énergie pour différentes compositions d'azote. Nous notons que l'interaction d'anticroisement donne lieu à une redistribution des états électroniques dans la bande de conduction. Nous remarquons aussi un changement notable dans l'allure des courbes de densité d'états ainsi que la diminution de l'énergie de la bande interdite avec l'augmentation de la composition x d'azote.

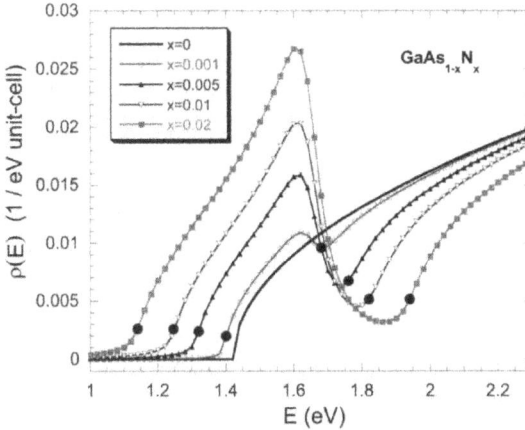

Figure II-3 : Schéma de la densité d'états en fonction de l'énergie pour différentes compositions d'azote par J. Wu et al. [29].

I. 2. c. Conclusion :

L'application du modèle d'anticroisement de bandes est en principe limitée pour de faibles concentrations d'impuretés, pour lesquelles la distance entre les atomes d'impuretés proches voisins est très grande devant l'extension spatiale de leur fonction d'onde.

Le modèle d'anticroisement de bandes montrant les énergies de dispersion $E_{\pm}(\vec{k})$ n'a considéré que l'interaction entre les états localisés azote et les états étendus de la bande de conduction dans un domaine proche du minimum Γ.

La réduction du gap dans les alliages GaAs$_{1-x}$N$_x$ est justifiée par le déplacement du plus bas niveau de la bande de conduction $E_-(k)$ causé par l'interaction d'anticroisement.

Le paramètre d'élargissement des niveaux est responsable de la diminution de la mobilité et de l'augmentation de la masse effective. Celle-ci, étant proportionnelle à la composition x de l'alliage, voit sa valeur augmenter en augmentant la concentration d'azote.

II. Etude du dopage :

II. 1. Semiconducteur intrinsèque :

Un semiconducteur est dit intrinsèque ou pur s'il ne contient aucun atome d'impureté, c'est à dire que les électrons de conduction ont pour seule origine la rupture de certaines liaisons à la température T. Dans le but de calculer la densité des porteurs dans un semiconducteur intrinsèque, il suffit de trouver le nombre d'états permis pour chaque état d'énergie. Le nombre d'électrons ayant un état d'énergie donné est obtenu en multipliant le nombre d'états permis par la probabilité que cet état soit occupé par un électron. Puisque le nombre des états d'énergie est très grand et dépend des dimensions du semiconducteur, nous calculons le nombre d'états par unité d'énergie et par unité de volume. La densité d'états dans un semiconducteur est donnée par le nombre de solutions de l'équation de Schrödinger (décrivant le mouvement de l'électron dans le potentiel cristallin périodique) par unité d'énergie et de volume.

Le nombre de solutions correspondant au nombre d'états permis dans l'espace réciproque est donné par [39,40]:

$$N = 2.\frac{1}{8}.(\frac{L}{\pi})^3.\frac{4}{3}.\pi.k^3 \qquad \text{eqII-35}$$

La quantité $(\frac{1}{8}.\frac{4}{3}.\pi.k^3)$ correspond au $\frac{1}{8}$ ème du volume d'une sphère de rayon k, par contre la quantité $(\frac{L}{\pi})^3$ représente le volume occupé par un état permis, et le facteur 2 correspond à la dégénérescence de spin.

La densité d'états par unité d'énergie est donnée par :

$$\frac{dN}{dE} = \frac{dN}{dk}\frac{dk}{dE} = (\frac{L}{\pi})^3.\pi.k^2.\frac{dk}{dE} \qquad \text{eqII-36}$$

Nous nous plaçons dans l'approximation de la masse effective où l'électron de la bande de conduction étant soumis au potentiel du cristal, voit sa masse affectée par le champ cristallin et acquiert une masse effective.

Pour décrire la dépendance de l'énergie en fonction du vecteur d'onde, nous nous plaçons dans l'approximation parabolique, soit :

$$E(k) = \frac{\hbar^2 k^2}{2m_e^*} \qquad \text{eqII-37}$$

La densité d'états par unité d'énergie et de volume, pour un choix de l'origine des énergies au sommet de la bande de valence, est donnée par :

$$g(E) = \frac{1}{L^3} \frac{dN}{dE} = \frac{8\pi\sqrt{2}}{h^3} (m_e^*)^{\frac{3}{2}} . \sqrt{E - E_g} \quad \text{pour } E \geq E_g \qquad \text{eqII-38}$$

où E_g représente la largeur de bande interdite du semiconducteur.

La fonction de distribution ou la fonction densité de probabilité décrit la probabilité qu'une particule occupe un état d'énergie permis d'un système donné.

Les électrons étant des fermions, à l'équilibre thermodynamique, le nombre d'états occupés

obéit à la statistique de Fermi-Dirac : $f(E) = \dfrac{1}{1 + e^{\frac{E - E_F}{k_B T}}}$ eqII-39

avec E_F : le niveau de Fermi, défini tel que : $f(E_F) = \dfrac{1}{2}$ pour $T \neq 0K$

Le nombre d'électrons libres dans la bande de conduction à la température T, est donné par :

$$n_0 = \int_{E_g}^{\infty} g(E).f(E).dE = N_c.e^{\frac{E_F - E_g}{k_B T}} \qquad \text{eqII-40}$$

avec $N_c = 2. \left[\dfrac{m_e^*.k_B.T}{2\pi\hbar^2} \right]^{\frac{3}{2}}$ eqII-41

qui représente la densité d'états effective dans la bande de conduction.

Pour pouvoir résoudre analytiquement cette intégrale, nous avons supposé que le semiconducteur est non-dégénéré, c'est à dire un semiconducteur dont le niveau de Fermi est situé dans la bande interdite, ce qui nous a permis d'approximer à faible température la fonction de distribution de Fermi-Dirac à la fonction de distribution de Maxwell-Boltzmann :

$$f(E) \cong e^{-\frac{E - E_F}{k_B T}}$$

Le même raisonnement peut être transposé aux trous (lacunes d'électrons dans la bande de valence), dont la fonction de distribution est donnée par : $(1\text{-}f(E))$ qui est valable pour des énergies telles que $E \leq 0$, donc le nombre de trous libres dans la bande de valence sera donné

par l'expression : $p_0 = N_v.e^{-\frac{E_F}{k_B T}}$ eqII-42

avec $N_v = 2. \left[\dfrac{m_t^*.k_B.T}{2\pi\hbar^2} \right]^{\frac{3}{2}}$ eqII-43

qui représente la densité d'états effective dans la bande de valence.

La loi d'action de masse permet d'écrire que : $n_0.p_0 = N_c.N_v.e^{-\frac{E_g}{k_B T}} = n_i^2$ eqII-44 où $n_i = n_0 = p_0 = \sqrt{N_c.N_v}\, e^{-\frac{E_g}{2k_BT}}$: représente la concentration intrinsèque des porteurs libres,

c'est à dire que les électrons de la bande de conduction par exemple, ont pour seule origine la rupture de certaines liaisons de valence à la température *T*. En effet, nous notons une dépendance exponentielle de la concentration intrinsèque des porteurs en fonction de l'énergie du gap. Dans ce cas de figure, le niveau de Fermi intrinsèque peut être calculé d'après

l'expression: $(E_F)_i(T) = \frac{1}{2}(E_g + k_BT.Ln(\frac{N_v}{N_c})) = \frac{E_g}{2} + \frac{3}{4}k_BT.Ln(\frac{m_l^*}{m_e^*})$ eqII-45

II. 2. Influence des impuretés :

Un semiconducteur est dit dopé s'il contient des atomes d'impuretés volontairement introduits lors de la croissance du semiconducteur. Dans ce cas, les électrons de conduction ne sont pas seulement dus à la rupture de liaisons dans le semiconducteur, mais aussi à l'ionisation des atomes d'impuretés. En effet ceux-ci peuvent induire soit des états localisés profonds [39,41], soit des états délocalisés peu profonds dans la bande interdite. D'autre part, il peut exister des défauts de croissance qui sont généralement profonds et donnent par conséquent des états localisés.

Le silicium est un élément du groupe IV dans la classification périodique des éléments, situé entre les colonnes du gallium (III) et de l'arsenic (V). Ce qui le ramène dans le rang de dopant amphotère [2,42,43] pour les semiconducteurs GaAs et GaAsN. Par conséquent, l'atome de silicium peut se comporter comme un donneur, s'il se substitue à un atome de Ga (Si_{Ga}), et comme un accepteur dans le cas où il remplace un atome d'As ou d'N (Si_{As} ou Si_N). Ceci peut être expérimentalement réalisé par le choix de la technique et de la température de croissance des échantillons [2,44]. En effet, en utilisant la technique de l'épitaxie par jets moléculaires, les températures de croissance inférieures à 400°C produisent principalement Si_{Ga} (dopage type n) mais Si_{As} ou Si_N (dopage type p) pour des températures supérieures. Par contre c'est l'opposé qui se produit en utilisant la technique de l'épitaxie en phase liquide, où des températures de croissance inférieures à 840°C donnent lieu à un dopage de type p. Dans notre cas, il s'agit d'échantillons de GaAsN dont le dopage en silicium est de type n et la technique de croissance utilisée est l'épitaxie par jets moléculaires.

Le fait de substituer dans la matrice de GaAsN un atome de Ga par un atome de Si, amènera un électron excédentaire (de charge (–e) et de masse effective m_e^*) qui va graviter autour de l'atome donneur ionisé. Nous admettons qu'un tel comportement peut être décrit par le modèle de Bohr relatif à l'atome d'Hydrogène corrigé par la constante diélectrique relative et par la masse effective de l'électron dans le semiconducteur [39,45,46]. En effet, chaque atome d'impureté peut être thermiquement ionisé et l'électron échappant à l'attraction de l'impureté devient libre dans le réseau. Ainsi, l'énergie d'ionisation de l'atome donneur dans

GaAsN est donnée par : $E_D = \dfrac{1}{\varepsilon_r^2} \dfrac{m_e^*}{m_0} \dfrac{e^4 m_0}{2(4\pi\varepsilon_0\hbar)^2} = \dfrac{1}{\varepsilon_r^2} \dfrac{m_e^*}{m_0} E_H$ eqII-46

Pour E_H =13.6 eV : l'énergie d'ionisation de l'atome d'Hydrogène.

$\varepsilon_r = \dfrac{\varepsilon_{GaAs}}{\varepsilon_0} = 11.5$: constante diélectrique relative de GaAs [47].

et m_e^* étant la masse effective des électrons dans GaAs$_{1-x}$N$_x$ que nous pouvons calculer à partir du modèle d'anticroisement de bandes (équations II-32).

Sachant que la masse effective des trous dans GaAsN s'identifie à celle dans GaAs, puisque l'interaction d'anticroisement introduite par l'atome d'azote n'affecte que la bande de conduction de GaAs, il s'en suit que : $m_t^* = (m_{GaAs}^*)_t$. Pour le calcul de l'énergie de Fermi, et de l'énergie d'ionisation des accepteurs dans GaAsN, nous avons choisi les trous lourds dont la masse effective est $(m_{GaAs}^*)_t$.

Remarque : Le même raisonnement pourra être employé dans le cas d'un dopage p, où l'énergie d'ionisation de l'atome accepteur dans GaAsN est donnée par :

$$E_A = \dfrac{1}{\varepsilon_r^2} \dfrac{m_t^*}{m_0} \dfrac{e^4 m_0}{2(4\pi\varepsilon_0\hbar)^2} = \dfrac{1}{\varepsilon_r^2} \dfrac{m_t^*}{m_0} E_H \qquad \text{eqII-47}$$

Application numérique : Les paramètres suivants ne dépendent pas de la température : $E^L = 1.67$ eV [6], $x = 0.015$, $V = 2.7$, $(m_{GaAs}^*)_t = 0.62\, m_0$ [47] et $(m_{GaAs}^*)_e = 0.067\, m_0$ [47]

* La valeur de l'énergie d'ionisation d'un atome accepteur est : $E_A = 63.76$ meV

* La valeur de l'énergie d'ionisation d'un atome donneur obtenue à la température ambiante pour $m_e^* = 1.47(m_{GaAs}^*)_e = 0.098\, m_0,$ $E_k^c(300K) = 1.42$ eV et $E_-(300K) = 1.19$ eV est $E_D(300K) = 10.16$ meV

*La valeur de l'énergie d'ionisation d'un atome donneur obtenue à la température de 10K pour $m_e^* = 1.62(m_{GaAs}^*)_e = 0.108\, m_0$, $E_k^c(10K) = 1.51$ eV et $E_-(10K) = 1.25$ eV est $E_D(10K) = 11.16$ meV

L'électron devenu libre acquiert un état énergétique situé au minimum de la bande de conduction. Par contre l'état lié correspond à une énergie inférieure de E_D à celle de l'électron libre.

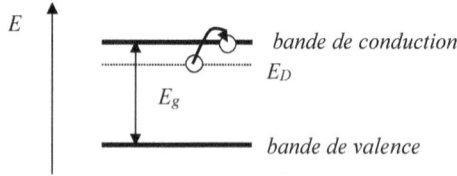

Figure II-4 : *Processus d'ionisation de l'atome donneur* [39].
(Le symbole O représente un électron).

Les impuretés peu profondes, comme c'est le cas du silicium [2,5,45], sont des atomes qui sont ionisées facilement, leur énergie d'ionisation est typiquement autour de $k_B T$. Dans le cas de donneurs peu profonds, ceci implique que la densité d'électrons est égale à la concentration des atomes donneurs. Par contre les impuretés profondes nécessitent pour leur ionisation des énergies cinq fois supérieures à l'énergie thermique, ceci implique que celles-ci ne participent que par une faible fraction à la densité de porteurs libres. De telles impuretés peuvent jouer le rôle de centres de recombinaisons effectifs et être considérées comme des pièges pour les porteurs.

Nous pouvons calculer la densité des électrons dans le niveau E_D, connaissant la densité N_D des atomes donneurs, et en considérant une dégénérescence de spin égale à 2 :

$$n_e = N_D.f_e(E) = \frac{N_D}{1 + \frac{1}{2}\exp(\frac{E_g - E_D - E_F}{k_B T})} \qquad \text{eqII-48}$$

Nous en déduisons la densité des électrons situés dans la bande de conduction

$$n = N_D(1 - f_e(E)) = N_D - n_e = \frac{N_D}{1 + 2\exp-(\frac{E_g - E_D - E_F}{k_B T})} \qquad \text{eqII-49}$$

Suite à l'introduction d'atomes dopants, le niveau de Fermi va subir une modification [39,48], et en identifiant les expressions de n_0 et de n qui représentent la densité d'électrons dans la bande de conduction, nous obtenons une équation du second degré en $\exp(\frac{E_F}{k_B T})$:

$$\exp(\frac{2E_F}{k_B T}) + \frac{1}{2}\exp(\frac{E_g - E_D}{k_B T})\exp(\frac{E_F}{k_B T}) - \frac{1}{2}\exp(\frac{2E_g - E_D}{k_B T})\frac{N_D}{N_c} = 0 \qquad \text{eqII-50}$$

dont la solution physiquement acceptable est donnée par :

$$\exp(\frac{E_F}{k_B T}) = \frac{1}{2} \exp(\frac{E_g - E_D}{k_B T}) \left[(1 + 8 \frac{N_D}{N_c} \exp(\frac{E_D}{k_B T}))^{\frac{1}{2}} - 1 \right] \qquad \text{eqII-51}$$

soit : $\quad E_F(N_D, T) = k_B T \left[-Ln2 + \frac{E_g - E_D}{k_B T} + Ln \left\{ 1 + \left[\frac{8N_D}{N_C} \exp(\frac{E_D}{k_B T}) \right]^{\frac{1}{2}} - 1 \right\} \right] \qquad \text{eqII-52}$

Nous portons sur la figure II-5 l'énergie de Fermi en fonction du dopage N_D obtenue pour la température de 10K en diagramme semi-logarithmique.

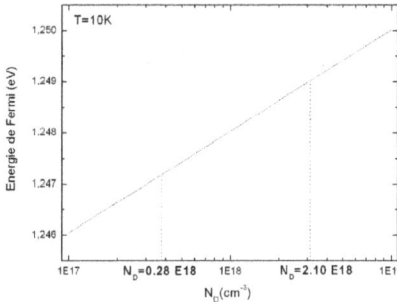

Figure II-5 : *Evolution de l'énergie de Fermi en fonction du dopage N_D.*
Nous rappelons que dans les calculs, nous avons supposé que l'origine des énergies est situé au maximum de la bande de valence.

Nous notons, comme prévu théoriquement, que l'énergie correspondante au niveau de Fermi croît quand la concentration des donneurs augmente. Nous obtenons des valeurs d'énergie de Fermi à la température 10K pour les échantillons étudiées :

$(E_F)_i = E_F$ (éch. non dopé) = 0.627 eV

E_F (N_D=0.28 10^{18}cm^{-3}) = 1.247 eV

E_F (N_D=2.10 10^{18}cm^{-3}) = 1.249 eV.

Le niveau de Fermi pour ces valeurs de dopages étant situé dans la bande interdite du semiconducteur GaAsN étudié (gap situé à 1.25 eV à 10K (chapitre IV)), nous pouvons confirmer l'hypothèse utilisée dans le calcul, c'est à dire qu'il s'agit bien d'un semiconducteur non-dégénéré.

Chapitre III :

Echantillons et techniques expérimentales

Dans ce chapitre, nous présentons la technique d'épitaxie par jets moléculaires utilisée pour l'élaboration des échantillons, ainsi que la technique d'analyse par photoluminescence adoptée.

I. La croissance par Epitaxie par Jets Moléculaires :

    C'est une méthode de croissance (figureIII-1) où les réactifs sont introduits sous forme de jets moléculaires sur le substrat de GaAs orienté selon une direction cristallographique bien déterminée. Le jet moléculaire est crée en chauffant le matériau source jusqu'à son évaporation dans une cellule connue sous le nom de cellule d'effusion. Les éléments III (Ga, In, Al) sont évaporés à partir de sources ultra pures de Ga, In, Al respectivement chauffés autour de 930, 780 et 1100°C. Par contre les éléments V, sont obtenus à partir de sources gazeuses : le gaz Arsine AsH_3 est décomposé à l'entrée de l'enceinte à haute température (850°C) sous forme d'As_2, le gaz de N_2 est décomposé à l'aide d'une source plasma radio-fréquence (RF). Plusieurs jets moléculaires contenant les éléments nécessaires pour la formation du semiconducteur et pour le dopage (Si, Be) de l'échantillon sont dirigés vers le substrat, où le film croit par épitaxie. Par conséquent, cette technique de croissance est appelée: Epitaxie par Jet Moléculaire (EJM) (en anglais : Molecular Beam Epitaxy ou MBE). La température du substrat de GaAs doit être autour de 550°C : assez basse pour permettre la condensation des espèces constituant les couches, mais suffisante pour que les atomes puissent migrer à la surface et rejoindre leurs sites. Et afin d'aboutir à une bonne homogénéité des couches, la plateforme du substrat est animée d'un mouvement de rotation. Lors de la croissance des échantillons, il est possible de contrôler la concentration des réactifs arrivant sur le substrat et par suite la stœchiométrie du cristal. Il est aussi possible de suivre la croissance monocouche par monocouche grâce à la technique RHEED (en anglais: Reflecting High-Energy Electron Diffraction).

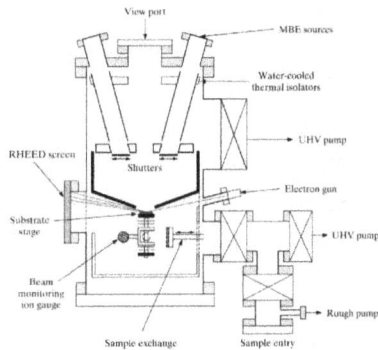

***Figure III-1 :** Schéma de principe de la chambre d'épitaxie par jets moléculaires* [5].

II. Description des échantillons :

Les échantillons étudiés (tableau III-1) dans le cadre de notre travail ont été réalisés au Laboratoire de Photonique et de Nanostructures (CNRS - France) par la technique de l'épitaxie par jets moléculaires sur un substrat de GaAs orienté selon la direction (001). L'azote est introduit en utilisant une source plasma radio-fréquence (RF).

Les échantillons sont de deux types :

* une série de deux échantillons de GaAs$_{1-x}$N$_x$ avec x = 1.5% d'azote et ayant des concentrations différentes de silicium (dopage n).

* un échantillon de référence GaAs$_{1-x}$N$_x$ non dopé contenant la même composition d'azote.

La figure III-2 représente la structure des couches, ainsi que leurs dimensions. En effet, chaque échantillon est composé d'un substrat de GaAs, d'une couche tampon de GaAs de 0.1 µm et d'une région active de 0.5 µm.

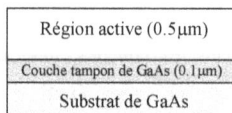

Région active (0.5µm)
Couche tampon de GaAs (0.1µm)
Substrat de GaAs

Figure III-2 : *Schéma de la structure des couches minces épitaxiées.*

Nous portons sur le tableau III-1 les références et les caractéristiques des échantillons dopés n analysés au cours de cette étude.

Référence	Echantillon	Région active	Dopage (cm^{-3})
72918	éch. (a)	GaAs$_{0.985}$N$_{0.015}$	Non dopé
72909	éch. (b)	GaAs$_{0.985}$N$_{0.015}$:Si	n= 0.2810^{18}
72908	éch. (c)	GaAs$_{0.985}$N$_{0.015}$:Si	n= 2.1010^{18}

Tableau III-1. *Caractéristiques des échantillons étudiés.*

III. La photoluminescence :

III. 1. Principe :

La photoluminescence peut être définie comme étant la radiation photonique produite par un matériau à la suite d'une excitation lumineuse.

C'est une puissante technique optique, non destructive, qui nous permet de caractériser en particulier les matériaux semiconducteurs par la détermination de la largeur de bande interdite, la composition en alliage des matériaux ternaires et quaternaires, ainsi que des niveaux d'impuretés.

Son principe est simple (figure III-3) :

* A l'aide d'un rayonnement (généralement monochromatique), nous excitons le semiconducteur, et plus précisément les électrons de la bande de valence qui vont passer vers la bande de conduction créant ainsi à leur place un déficit de charges : les trous.

* Nous procédons ensuite à la détection et à l'analyse des photons émis lors du retour à l'état d'équilibre du système, qui se fait grâce à des processus de recombinaison des paires électron-trou.

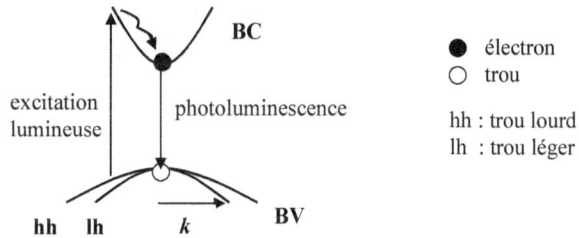

Figure III-3 : *Schéma de principe de la photoluminescence*

Quand un semiconducteur est dans un état excité, il y a soit un excès, soit un déficit dans les concentrations de porteurs de charge par rapport à celles de l'état d'équilibre. La recombinaison est un mécanisme de remise en ordre dans lequel les valeurs des concentrations de porteurs sont rétablies à leurs valeurs d'équilibre. Les principaux mécanismes de recombinaisons mis en jeu dans les semiconducteurs sont divisés en deux catégories : recombinaisons radiatives et non radiatives.

III. 1. a. Recombinaisons radiatives :

A) Transition directe (dans les semiconducteurs à gap direct):

La recombinaison radiative de la paire électron-trou se fait de manière directe.

A. a) La recombinaison bande à bande :

Ce processus implique une annihilation directe d'un électron de la bande de conduction et d'un trou de la bande de valence. L'énergie des photons émis correspond à l'énergie de la bande interdite du semiconducteur, c'est à dire l'énergie du gap : E_g.

La transition bande à bande, en photoluminescence, apparaît progressivement lorsque la température de l'échantillon dépasse celle associée à l'énergie d'activation des impuretés. A haute température (300K), cette transition, lorsqu'elle est visible, domine généralement le spectre de luminescence.

Pour un semiconducteur à gap direct (comme c'est le cas de la plupart des composés III-V) et non dopé, on a :

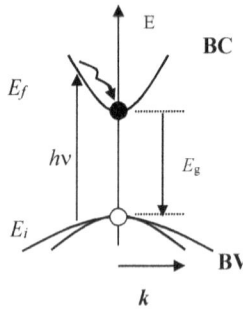

Figure III-4 : *Schéma de transition bande à bande*

$$E_f = h\nu - |E_i| \qquad\qquad \text{eq III-1}$$

La transition bande à bande possède un seuil situé à : $h\nu = E_g$. Au fur et à mesure que l'on augmente la température, les états situés plus haut dans les bandes d'énergie commencent à être occupés et contribuent à l'émission de radiation. Il s'en suit donc que la transition possède une queue, du côté des hautes énergies, qui varie rapidement avec la température.

A. b) La recombinaison à partir des centres R-G :

Ce processus met en jeu des états intermédiaires et n'a lieu que dans des endroits bien précis connus sous le nom de : centres R-G [49]. Physiquement, ce sont les défauts du réseau ou des atomes d'impureté. Il peut être divisée en deux catégories : la transition donneur-bande de valence et la transition bande de conduction-accepteur :

i) La transition donneur-bande de valence :

Dans cette transition, l'électron quitte un niveau donneur situé juste en-dessous de la bande de conduction pour aller vers la bande de valence. L'énergie mise en jeu est donnée par : $E_1 = E_g - E_D$ eq III-2

Avec : E_D est l'énergie d'ionisation de l'atome donneur.

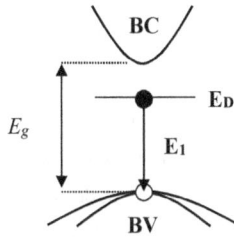

Figure III-5 *: Schéma de transition donneur-bande de valence.*

ii) La transition bande de conduction-accepteur :

Dans cette transition, l'électron quitte la bande de conduction pour se retrouver sur un niveau accepteur situé juste au-dessus de la bande de valence. L'énergie mise en jeu est donnée par : $E_2 = E_g - E_A$ eq III-3

Avec: E_A est l'énergie d'ionisation de l'atome accepteur.

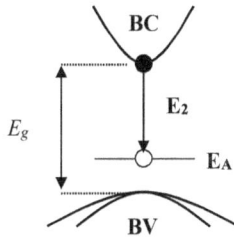

Figure III-6 *: Schéma de transition bande de conduction-accepteur.*

Remarque: Les énergies E_A et E_D diffèrent selon la nature chimique de l'impureté (chapitre II). C'est ce qui permet aux expériences de photoluminescence de confirmer la présence d'un type spécifique d'impuretés dans un matériau. Comme la masse effective des trous est généralement plus grande que celle des électrons, ceci explique pourquoi l'énergie d'ionisation des niveaux accepteurs est plus grande que celle des niveaux donneurs ($E_A > E_D$). Les transitions impliquant des recombinaisons entre les électrons de niveaux donneurs et la bande de valence seront donc situés juste en-dessous de l'énergie du gap, alors que celles impliquant des transitions entre des électrons de la bande de conduction et les niveaux accepteurs se situeront à une énergie plus faible : c'est à dire $E_1 > E_2$.

B) Transition indirecte (dans les semiconducteurs à gap indirect):

La recombinaison radiative de la paire électron-trou se fait de manière indirecte, c'est à dire qu'elle se fait via l'intervention d'une troisième particule : le phonon ('quantum' de la vibration du réseau cristallin), afin de conserver le vecteur d'onde $\vec{k}$.

Lors de l'excitation, un électron passe de la bande de valence à la bande de conduction. Il redescend rapidement au bas de celle-ci en émettant des phonons, puis, il émet un photon lors de son retour vers la bande de valence. L'émission d'un phonon est un processus extrêmement rapide (de l'ordre du picoseconde : 10^{-12}s) [50] par contre celle d'un photon peut prendre de 10^{-9} à plusieurs secondes. Les matériaux phosphorescents sont ceux dont le temps d'émission est plus long ou de l'ordre de la milliseconde. Tous les autres sont simplement dits : luminescents.

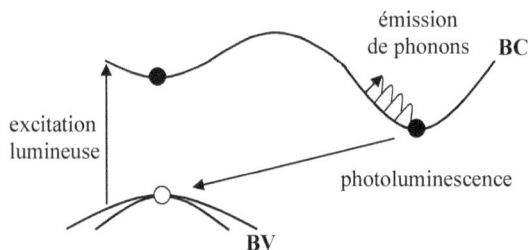

Figure III-7 : Schéma de transition indirecte.

III. 1. b. Recombinaisons non radiatives ou recombinaison Auger :

Dans ce processus, une recombinaison bande à bande a lieu simultanément avec une collision entre deux porteurs de même type. L'énergie libérée lors de la recombinaison est aussitôt transférée lors de la collision à un troisième porteur de charge [47,49]. Ce dernier ayant acquis une grande énergie va subir des collisions avec le réseau cristallin et perdre graduellement son énergie.

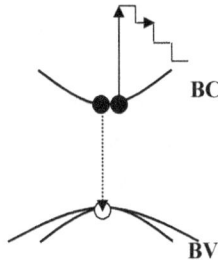

Figure III-8 : Schéma de recombinaison non radiative (effet Auger).

Un matériau à grande efficacité de luminescence est celui dont les transitions radiatives prédominent sur les transitions non radiatives.

En général, l'énergie du rayonnement émis par les solides est très faible, il est donc nécessaire d'utiliser un laser comme source d'excitation de même qu'un système de détection performant.

III. 2. Dispositif expérimental :

Le dispositif expérimental de photoluminescence comporte essentiellement (figure III-9):

- Une source d'excitation
- Un système cryogénique
- Un spectromètre
- Une unité d'analyse et de détection

III. 2. a. Source d'excitation :

La source est un laser à Argon ionisé (Ar$^+$) Spectra Physics (Stabilite 2017) ayant une puissance variable pouvant atteindre 6W. Ses principales raies sont : 5145A°, 5017A°, 4965A°, 4880A°, 4765A°, 4727A°, 4658A°, 4579A° et 4545 A°. Ce laser est également utilisé comme source de pompage pour un laser Titane-Saphir.

Le faisceau laser d'excitation, de section 0.5 mm^2, traverse un hacheur optique (de fréquence 74Hz), puis est focalisé sur l'échantillon à l'aide d'une lentille convergente L$_1$ (de distance focale de 15cm).

Pour mesurer la puissance laser, nous disposons d'une photopile modèle 407A Spectra Physics pouvant détecter de 1mW à 30W.

III. 2. b. Système cryogénique :

Afin de s'affranchir des effets d'agitation thermique ainsi que des effets d'amortissement des électrons par les vibrations du réseau cristallin, l'étude de la photoluminescence a été en partie réalisée à basse température. Avant chaque expérience, nous réalisons le vide à l'aide d'une pompe permettant d'atteindre des pressions proches de 10^{-3} Torr. La thermorégulation est assurée par un système cryogénique comportant un cryostat à circulation d'Hélium en circuit fermé permettant d'atteindre des températures voisines de 10K, une résistance chauffante permettant de porter l'échantillon à des températures variables de 10 à 300K.

III. 2. c. Spectromètre *:*

La lumière diffusée par l'échantillon est focalisée, à l'aide de deux lentilles convergentes L_2 et L_3 (de distances focales respectives: 10 et 20cm), sur la fente d'entrée d'un spectromètre Jobin-Yvon (HR250mm).

Celui-ci renferme 2 types de réseaux dont l'utilisation diffère selon le type de détecteur : un réseau à 600 traits/mm blasé à 1 µm et un réseau à 1200 traits/mm blasé à 0.6 µm. Les réseaux sont animés d'un mouvement de rotation assuré par un moteur pas à pas. Le spectromètre possède des fentes d'entrée et de sortie de largeurs variables entre 0 et 2 mm.

III. 2. d. Système de détection *:*

La conversion de la lumière dispersée en un signal électrique est assurée par deux types de détecteurs selon la gamme spectrale :

* *un photomultiplicateur* PM (cathodes en GaAs) alimenté par une tension pouvant atteindre 2200V, relié à un système de refroidissement par effet Peltier (-30°C). La gamme spectrale du photomultiplicateur se situe entre 190 et 930 nm. Afin de transformer l'intensité électrique délivrée par le PM en une tension électrique, on branche une résistance à sa sortie.

* *une photodiode* (GaInAs) alimentée par une tension de 15V et reliée à un système de refroidissement par effet Peltier. Dans ce cas, le signal obtenu n'est pas propre à l'échantillon car il faut considérer la sensibilité spectrale du détecteur. Pour cela, nous faisons le rapport entre données enregistrées et réponse spectrale de la photodiode. La gamme spectrale de la photodiode se situe entre 600 et 1900 nm.

Un système de détection synchrone permet de collecter le signal de sortie du détecteur avec le signal provenant du hacheur optique et de soustraire le bruit pouvant de l'environnement expérimental.

A la sortie de la détection synchrone, nous utilisons un programme approprié permettant l'acquisition des données, la commande du moteur pas à pas et la visualisation de la réponse de l'échantillon en temps réel.

Dans le cadre de notre étude expérimentale, nous avons utilisé la raie d'excitation laser 5145 A° et la photodiode GaInAs comme détecteur. Les résultats expérimentaux ont été normalisés avec la réponse spectrale du détecteur.

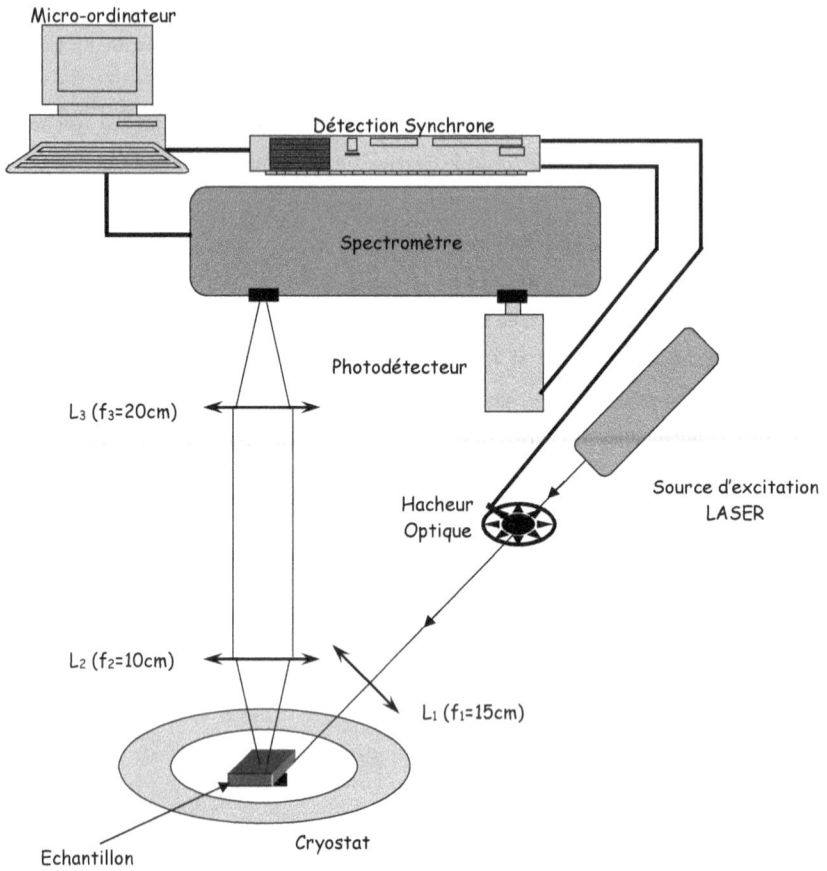

Figure III.9: *Schéma du dispositif expérimental de photoluminescence*

Chapitre IV :

Résultats et interprétations

Nous devons impérativement avoir une bonne maîtrise du dopage dans les semiconducteurs pour aboutir à un bon fonctionnement des composants [45,51,65]. Le Silicium est le donneur de choix pour les matériaux III-V, compte tenu de sa faible énergie d'activation [2,5,45].

Dans ce chapitre, nous présentons les résultats expérimentaux de photoluminescence obtenus sur une série d'échantillons dopés au silicium. Il s'agit d'étudier l'effet du silicium sur les échantillons de couches minces de $GaAs_{1-x}N_x$ de composition en azote x =1.5%. Dans un premier temps, nous aborderons l'effet de la température ce qui nous permettra de déterminer la variation de la largeur de la bande interdite en fonction de la température ainsi que les énergies d'activation des porteurs. La deuxième partie sera consacrée à l'étude de l'effet de la puissance d'excitation. Ces résultats ont fait l'objet d'un article publié [66].

I. Effet du dopage de type n sur les couches de GaAs$_{1-x}$N$_x$:

La figure IV-1 montre les spectres de photoluminescence normalisés des échantillons (a), (b) et (c) obtenus à une température T= 8K et à une puissance d'excitation de 20 W/cm².

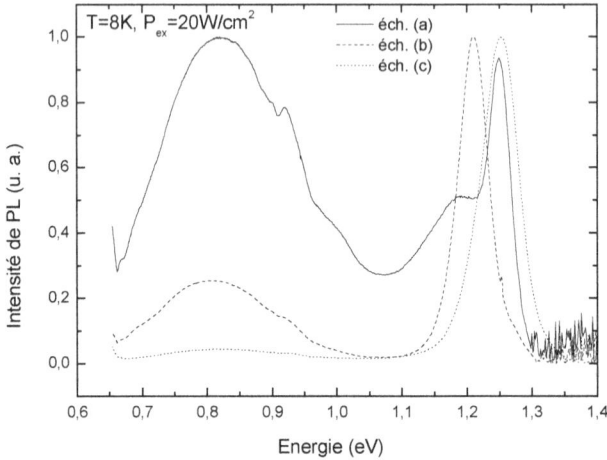

Figure IV-1: *Spectres de PL normalisés à T=8K et pour une puissance d'excitation de 20W/cm² des échantillons : éch. (a) non dopé, éch. (b) dopé avec n=0.28 10^{18} cm^{-3} et éch. (c) dopé avec n=2.10 10^{18} cm^{-3}.*

En analysant les résultats expérimentaux de PL, nous notons que les spectres se composent principalement d'une bande large dont le maximum d'intensité est située à 0.83 eV et de deux structures fines situées respectivement à 1.21 eV et 1.25 eV. Nous remarquons aussi que l'intensité de la bande large diminue quand le dopage en silicium augmente de n=0 à n=2.10 10^{18} cm^{-3}. Pour interpréter ce phénomène, nous avons pensé au début que ce comportement serait probablement dû à la présence d'états localisés profonds du type azote. Mais récemment, nous avons découvert que cette même bande a aussi été observée par *R. Enrique et al* [52] ainsi que par M. Adamcyk [53] dans les couches de GaAs obtenues pour des faibles températures de croissance. Nous rappelons que lors de la croissance de la couche de GaAsN, nous sommes obligés de diminuer la température de croissance jusqu'à une valeur de 420°C, afin d'éviter l'évaporation de l'azote en croissance. Par conséquent, cette bande serait très probablement causée par la présence d'états localisés profonds dus à des défauts causés par une croissance tridimensionnelle. La diminution de l'intensité de cette bande en faisant croître la concentration du silicium nous permet de dire que cette bande se comporte comme un piège pour les porteurs libres. Ce comportement pourrait être utilisé comme un moyen de mesure de la concentration des défauts dans ce type de structures.

Dans le but de comprendre la nature des structures observées respectivement en 1.21 et 1.25 eV, nous avons procédé à une étude de PL en fonction de la température.

II. Etude de l'effet de la température:

II. 1. Echantillon (a) non dopé :

II. 1. a. Identification des transitions :

Nous portons sur la figure IV-2 les spectres de photoluminescence obtenus à des températures comprises entre 8 et 190 K pour une puissance d'excitation de 20 W/cm^2.

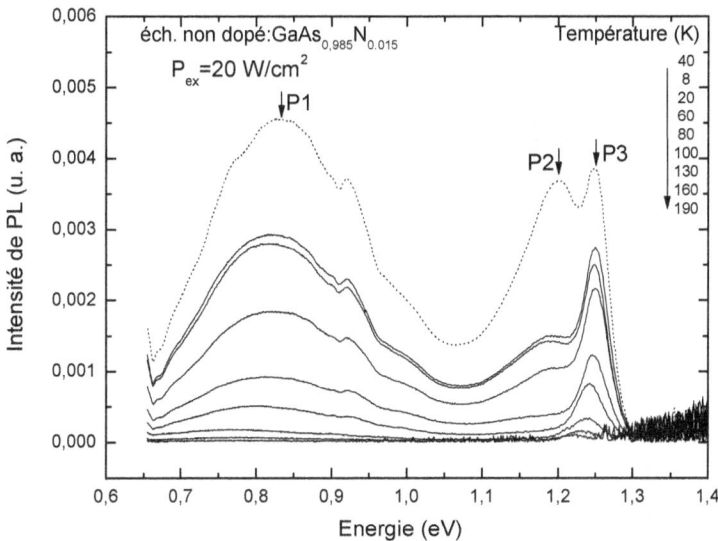

Figure IV-2: *Spectres de PL de l'échantillon (a) non dopé dans le domaine de températures de 8 à 190 K obtenus pur une puissance d'excitation de 20 W/cm^2.*

Une première constatation nous permet de noter que le rapport d'intensité P_3/P_1 entre les pics P_3 et P_1 croit à partir de 60K. La position en énergie de la bande large P_1 ne dépend pas de la température, par contre, son intensité diminue en augmentant la température. Ce comportement laisse penser que cette bande résulte d'une recombinaison radiative de porteurs liés aux défauts.

Par contre les positions énergétiques des structures P_2 et P_3 se décalent clairement vers les basses énergies. Le pic P_2 situé à 1.21 eV disparaît très rapidement à partir de 80K, ce même comportement a été observé par *H. Yaguchi et al* [54]. Du côté des hautes énergies, le pic P_3 situé à 1.25 eV se déplace vers les basses énergies en augmentant la température, mais ne disparaît que pour des températures dépassant 190K. Un tel comportement nous oriente à attribuer la structure P_2 à un état localisé azote d'un côté, et la structure P_3 à un état de bande de la couche de $GaAs_{1-x}N_x$ de l'autre. Pour confirmer la nature de la structure P3, nous avons utilisé le modèle d'anticroisement de bande (BAC) développé au chapitre II. Dans ce modèle, l'énergie de la transition sera donnée par l'équation II-17 correspondant à une transition fondamentale directe interbandes :

$$E_- = \frac{1}{2}\left[(E_k^c + E^L) - \sqrt{(E_k^c - E^L)^2 + 4V^2 . x}\right] \qquad \text{eqIV-1}$$

Pour les valeurs suivantes :

     x = 1.5 %.

     $E_c^k = 1.51$ eV : énergie du gap de GaAs à 0K.

     $E^L = 1.67$ eV : énergie de l'état localisé azote.

et $V = 2.7$: constante de couplage recommandée par *Shan et al.* [6].

Nous trouvons une valeur de l'énergie $E_- = 1.25$ eV ce qui est en bon accord avec la valeur expérimentale.

Selon les figures IV-2 et IV-3, nous notons que l'intensité de photoluminescence totale du spectre croît pour la température 40 K. Cet effet peut être attribué au processus de libération des porteurs piégés dans les défauts suite à une énergie thermique suffisante correspondante à : $k_B T = 3.448$ meV. (avec $k_B = 8.62 \, 10^{-5}$ eVK^{-1} : la constante de Boltzmann).

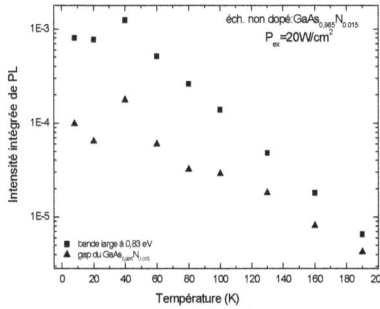

Figure IV-3: *Evolution de l'intensité intégrée de PL des pics d'énergie correspondant à la bande 0.83eV et au gap de GaAs$_{0.985}$N$_{0.015}$ de l'échantillon (a) non dopé, en fonction de la température. La puissance d'excitation est de 20W/cm^2.*

II. 1. b. Variation du gap en fonction de la température :

Dans ce paragraphe, nous nous sommes intéressés à l'évolution de l'énergie du gap relative à la transition P$_3$ en fonction de la température à partir des mesures expérimentales de photoluminescence (figure IV-4). Nous notons une diminution de l'énergie du gap de 1.250 eV à 8K jusqu'à 1.225 eV à 190K correspondant à une variation de 25 meV/180K ce qui est très faible par rapport aux autres matériaux semiconducteurs comme le GaAs. Un tel comportement a déjà été observé dans les matériaux III-V-N [15].

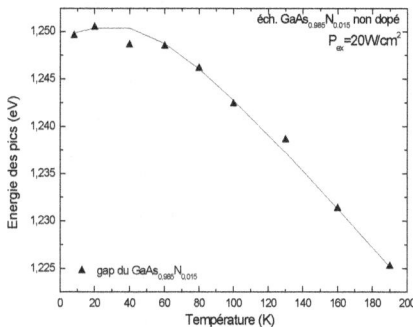

Figure IV-4 : *Evolution en fonction de la température de l'énergie du gap de GaAs$_{0.985}$N$_{0.015}$ de l'échantillon (a) obtenue à partir des mesures de PL. Les courbes en traits continus illustrent le modèle de Bose-Einstein (eqIV-3).*

Pour modéliser la variation du gap en fonction la température, nous avons utilisé le modèle statistique de Bose-Einstein [55], dont l'expression est donnée par :

$$E_g(T) = E_B - a\left[\frac{2}{\exp(\frac{\theta}{T})-1} + 1\right] + \xi k_B T \qquad \text{eqIV-3}$$

où E_B et a sont des constantes, telles que : $E_B - a = E_g(0K)$

a : représente la force de l'interaction électron-phonon.

θ : est reliée à l'énergie du phonon moyen.

ξ : est un paramètre qui reflète la forme de la densité d'états correspondante que nous prenons égal à 0.5

et k_B : est la constante de Boltzmann.

Dans le tableau suivant, nous portons les paramètres d'ajustement utilisés dans ce modèle et permettant une meilleure concordance avec les mesures expérimentales.

éch. (a) non dopé	E_B (eV)	a (meV)	θ (K)
gap de GaAs$_{0.985}$N$_{0.015}$	1.27	20.5	155

Tableau IV-2. *Paramètres d'ajustement utilisés dans le modèle de Bose-Einstein pour l'échantillon (a) non dopé.*

II. 1. c. Détermination des énergies d'activation :

Nous pouvons avoir accès à l'énergie d'activation thermique en traçant sur un diagramme semi-Logarithmique l'intensité intégrée de photoluminescence en fonction de la température inverse et en modélisant avec la loi d'Arrhénius [56,57,58] dont l'expression est donnée par :

$$I_{PL}(T) = \frac{I_0}{1 + a_1 T^{\frac{3}{2}} + a_2 T^{\frac{3}{2}} \exp(-\frac{E_a}{k_B T})} \qquad \text{eqIV-4}$$

où $I_{PL}(T)$: représente l'intensité intégrée de photoluminescence en fonction de la température

I_0 : une constante de proportionnalité.

E_a : l'énergie d'activation thermique.

a_1 et a_2 : paramètres d'ajustement.

Dans la figure IV-5, nous représentons l'intensité intégrée de la bande large située en 0.83 eV et de l'énergie de bande interdite de l'échantillon non dopé (a), en fonction de la température inverse.

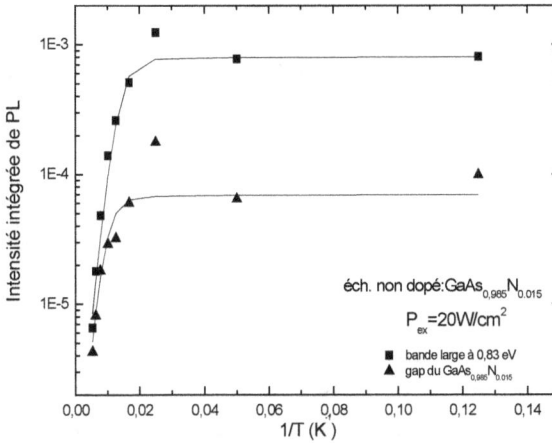

Figure IV-5: *Evolution de l'intensité intégrée de PL des pics d'énergie correspondant à la bande 0.83eV et au gap de GaAs$_{0.985}$N$_{0.015}$ de l'échantillon (a) non dopé, en fonction de la température inverse, pour une puissance d'excitation de 20W/cm^2. Les courbes en traits continus représentent la modélisation d'Arrhénius (eq IV-4).*

Le tableau IV-3 regroupe les paramètres utilisés dans le modèle d'Arrhénius (eqIV-4) pour une meilleure correspondance avec les mesures expérimentales.

éch. (a) non dopé	Energie d'activation E$_a$ (meV)	a$_1$	a$_2$
bande à 0,83 eV	29	110^{-4}	2110^{-2}
gap à 1.25 eV	27.5	0.7510^{-4}	2.5010^{-2}

Tableau IV-3. *Paramètres d'ajustement utilisés dans le modèle d'Arrhénius pour l'échantillon (a) non dopé.*

II. 2. Echantillon (b) :

II. 2. a. Identification des transitions :

Nous portons sur la figure IV-6 les spectres de photoluminescence obtenus pour des températures comprises entre 8 et 300 K pour une puissance d'excitation de 20 W/cm^2.

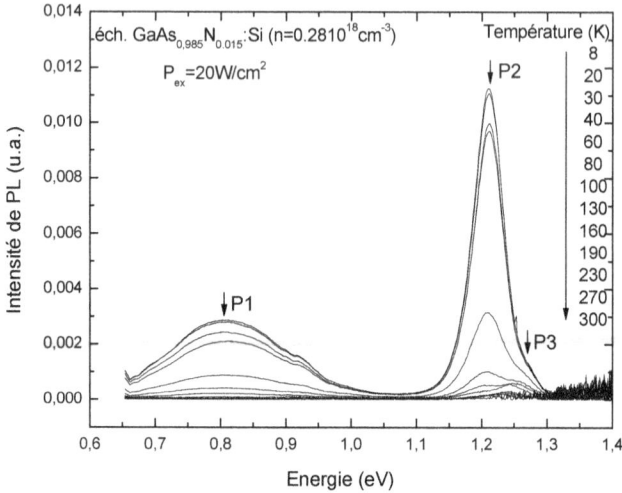

Figure IV-6: *Spectres de PL de l'échantillon (b) avec n=0.28 10^{18} cm^{-3}, soumis à une puissance d'excitation de 20W/cm^2 pour des températures comprises entre 8 et 300 K.*

Dans cet échantillon, nous observons encore la bande large P_1 située à 0.83 eV, mais cette fois-ci elle est moins intense que celle de l'échantillon (a) non dopé. Nous observons aussi les deux structures P_2 et P_3 sur les spectres : le second pic d'émission P_2, situé 1.21 eV, est observé aux basses températures, et disparaît progressivement en augmentant la température. Du côté des hautes énergies, un nouveau pic noté P_3 situé à 1.25 eV apparaît à partir de 60 K, pour devenir dominant à partir de 130 K. Ce dernier se déplace vers les faibles énergies quand la température augmente. Ce comportement confirme bien le résultat trouvé pour l'échantillon (a) non dopé, c'est à dire que le pic de PL situé à 1.21 eV correspond à un état localisé azote, tandis que celui à 1.25 eV est attribué à l'énergie de bande interdite de GaAs$_{0.985}$N$_{0.015}$.

II. 2. b. Variation du gap en fonction de la température :

Dans la figure IV-7, nous représentons l'évolution des énergies de l'état de bande P_3 et de l'état localisé azote P_2 en fonction de la température. Nous notons que l'énergie du gap diminue rapidement avec la température, à partir de la valeur de 1.245 eV à 100K, jusqu'à atteindre 1.208 eV à 270K, c'est à dire de 37 meV/170 K. Par contre le pic P_2 correspondant à l'état localisé azote possède une dépendance en température assez faible comparée à celle de l'état de bande P_3, elle est de l'ordre de 6 meV/120 K (c'est à dire de 8.5 meV/170 K),.

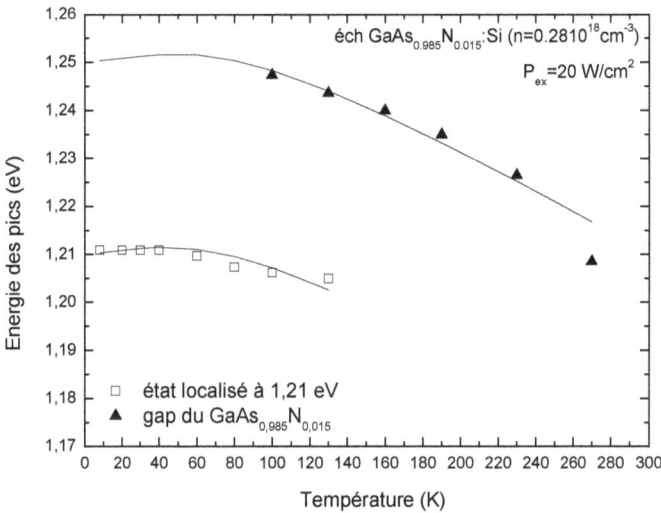

Figure IV-7 : *Evolution en fonction de la température des énergies du gap de $GaAs_{0.985}N_{0.015}$ et de l'état localisé azote de l'échantillon (b) avec $n=0.28\ 10^{18}\ cm^{-3}$ obtenues à partir des mesures de PL. Les courbes en traits continus illustrent le modèle de Bose-Einstein (eq.IV-3).*

Dans le tableau suivant, nous portons les paramètres d'ajustement utilisés dans le modèle de Bose-Einstein (figure IV-7), permettant une meilleure concordance avec les résultats expérimentaux de l'énergie du gap en fonction de la température.

éch.(b), n=0.28 10^{18}cm^{-3}	E_B (eV)	a (meV)	θ (K)
état localisé à 1.21 eV	1.24	30	225
gap à 1.25 eV	1.285	35	254

Tableau IV-4. Paramètres d'ajustement utilisés dans le modèle de Bose-Einstein pour l'échantillon (b) avec n=0.28 10^{18} cm^{-3}.

II. 2. c. Détermination des énergies d'activation :

Dans la figure IV-8, nous représentons l'intensité intégrée de PL de la bande large située en 0.83 eV et celle de l'état localisé azote en fonction de la température inverse.

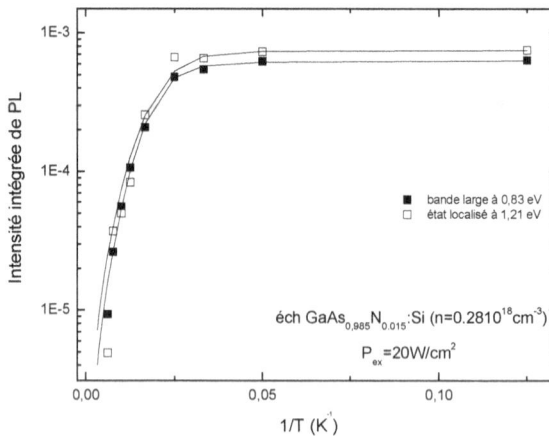

Figure IV-8 : Evolution de l'intensité intégrée de PL des pics d'énergie correspondant à la bande 0.83eV et à l'état localisé azote de l'échantillon (b) avec n=0.28 10^{18} cm^{-3} , en fonction de la température inverse, pour une puissance d'excitation de 20W/cm^2. Les courbes en traits continus représentent la modélisation d'Arrhénius (eq IV-4).

Nous regroupons dans tableau IV-5 les paramètres obtenus pour une meilleure courbe représentative des points expérimentaux en utilisant le modèle d'Arrhénius (eqIV-4) :

éch. (b), n=0.28 10^{18} cm^{-3}	Energie d'activation E_a (meV)	a_1	a_2
bande à 0,83 eV	13.5	3.510^{-4}	510^{-2}
état localisé à 1,21 eV	10.1	0.910^{-4}	2.9010^{-2}

Tableau IV-5. *Paramètres d'ajustement utilisés dans le modèle d'Arrhénius pour l'échantillon (b) avec n=0.28 10^{18} cm^{-3}.*

II. 3. Echantillon (c) :

II. 2. a. Identification des transitions :

Nous représentons dans la figure IV-9 les spectres de PL pour des températures comprises entre 8 et 300 K et pour une puissance d'excitation de 20W/cm^2.

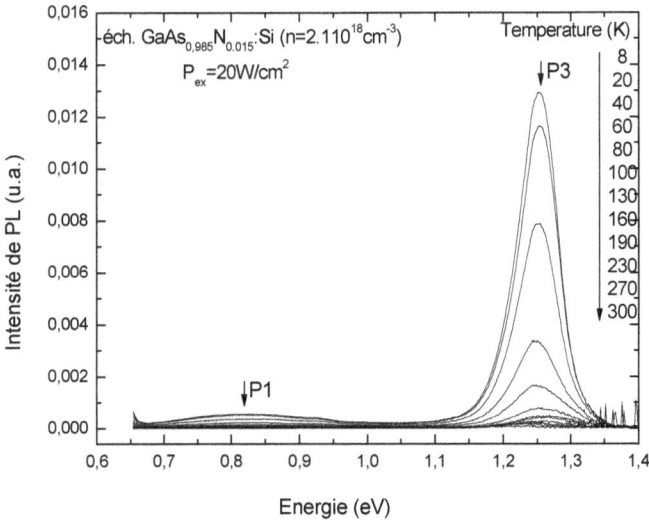

Figure IV-9: *Spectres de PL de l'échantillon (c) avec n=2.10 10^{18} cm^{-3} , soumis à une puissance d'excitation de 20W/cm^2, dans un domaine de températures entre 8 et 300 K.*

Contrairement aux échantillons précédents (a) et (b) présentant trois pics, l'échantillon (c) qui est fortement dopé en silicium n'en présente que deux :

* un pic d'émission P_1 située à 0.83 eV correspondant à la bande large et dont l'intensité est très faible, voire quasi-nulle, comparée à celle de l'échantillon (a) non dopé.

* un pic d'émission P_3 très prononcé situé à 1.25 eV et correspondant à l'énergie de la bande interdite de $GaAs_{0.985}N_{0.015}$.

II. 3. b. Variation du gap en fonction de la température :

Nous portons sur la figure IV-10 les points expérimentaux de l'énergie du gap en fonction de la température ainsi que le modélisation par la loi statistique de Bose-Einstein.

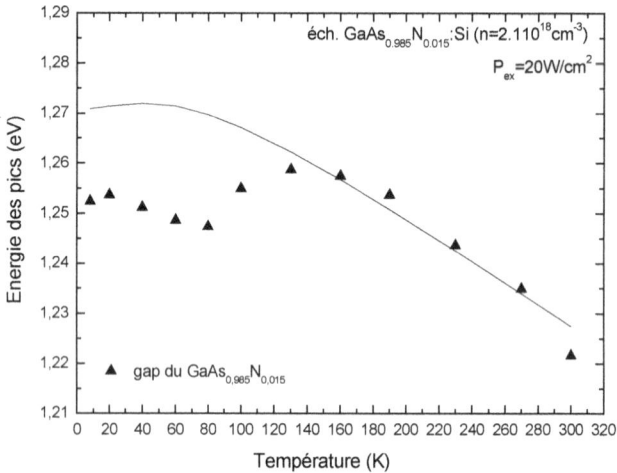

Figure IV-10: *Evolution en fonction de la température de l'énergie du gap de $GaAs_{0.985}N_{0.015}$ de l'échantillon (c) avec $n=2.10\ 10^{18}\ cm^{-3}$ obtenue à partir des mesures de PL. Les courbes en traits continus illustrent le modèle de Bose-Einstein (eqIV-3).*

Nous remarquons un comportement peu commun de l'énergie du gap en fonction de la température, il s'agit d'un « S-shape », qui s'est manifesté entre 8 et 130 K. En effet, pour des températures comprises entre 20 et 80 K, l'énergie du pic d'émission diminue de 7meV, alors qu'une augmentation de 16 meV est observée de 80 à 130 K. Ce phénomène de « S-shape » est attribué à la recombinaison radiative des porteurs piégés dans les états localisés peu profonds de la couche de GaAsN, comme il a déjà été observé par H. Dumont et al [59,60]. Le comportement de « S-shape » résulte d'une localisation des porteurs dans la structure modulée du potentiel créé par les atomes d'azote. Le modèle utilisé de Bose-Einstein n'a pu reproduire ce phénomène que pour des températures supérieures à 130 K. Ceci indique que la photoluminescence observée à haute température correspond bien à une émission bande à bande représentée par l'énergie de la bande interdite de $GaAs_{0.985}N_{0.015}$.

Sur le tableau suivant, nous avons porté les paramètres d'ajustement utilisés dans le modèle de Bose-Einstein (figure IV-10). Ces valeurs donnent la meilleure concordance avec les résultats expérimentaux.

éch. (c), n=2.10 10^{18} cm^{-3}	E_B (eV)	a (meV)	θ (K)
gap à 1.25 eV	1.3	29.5	216

Tableau IV-6. Paramètres d'ajustement utilisés dans le modèle de Bose-Einstein pour l'échantillon (c) avec n=2.10 10^{18} cm^{-3}.

II. 3. c. Détermination des énergies d'activation :

La figure IV-11 représente l'intensité intégrée de la bande large P_1 située en 0.83 eV ainsi que celle de l'énergie du gap en fonction de la température inverse.

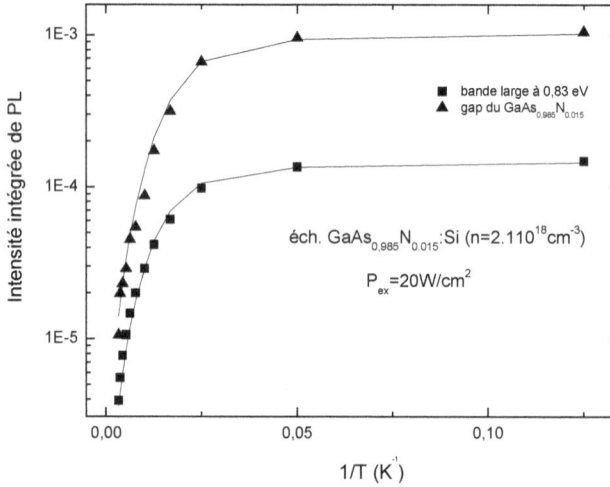

Figure IV-11: *Evolution de l'intensité de PL des pics d'énergie correspondant à la bande 0.83eV et au gap de GaAs$_{0.985}$N$_{0.015}$ de l'échantillon (c) avec n=2.10 10^{18} cm^{-3}, en fonction de la température inverse, pour une puissance d'excitation de 20W/cm^2. Les courbes en traits continus représentent la modélisation d'Arrhénius (eq IV-4).*

Le tableau ci-dessous regroupe les paramètres d'ajustement entre les points expérimentaux et le modèle d'Arrhénius (eqIV-4) :

éch. (c), n=2.10 10^{18} cm^{-3}	Energie d'activation E$_a$ (meV)	a$_1$	a$_2$
bande à 0,83 eV	10.3	1110^{-4}	0.9810^{-2}
gap à 1.25 eV	10.3	1310^{-4}	1.9010^{-2}

Tableau IV-7. *Paramètres d'ajustement utilisés dans le modèle d'Arrhénius pour l'échantillon (c) avec n=2.10 10^{18} cm^{-3}.*

II. 4. Conclusion:

Une observation générale relative à tous les échantillons nous permet de dire que l'intensité de photoluminescence diminue en augmentant la température. Ce comportement résulte du fait que le taux total de décroissance des paires électron-trou dépend des taux de recombinaisons radiative et non radiative défini [5] tel que :

$$\frac{1}{\tau_{tot}} = \frac{1}{\tau_{rad}} + \frac{1}{\tau_{nrad}}$$ eqIV-5

où τ_{rad} : représente le temps de recombinaison radiative d'un électron et d'un trou.

τ_{nrad} : représente la durée de vie des recombinaisons non radiatives qui dépend de la température.

En effet, les températures cryogéniques permettent d'obtenir un signal de photoluminescence important en augmentant la durée de vie non radiative des porteurs. Par conséquent, le fait d'augmenter la température va favoriser les recombinaisons assistées par les impuretés et par conséquent l'échappement thermo-ionique des porteurs donc la diminution τ_{nrad}, ce qui provoque une réduction de la photoluminescence de l'échantillon.

Pour analyser l'effet du dopage sur les trois échantillons, nous avons résumé dans le tableau ci-dessous les paramètres d'ajustement que nous avons utilisé dans le modèle de Bose-Einstein. Nous rappelons que le paramètre a exprimé en meV est proportionnel à la force d'oscillateur de la transition correspondante au gap, par contre le paramètre θ exprimée en Kelvin caractérise l'énergie du phonon moyen du matériau. En analysant les résultats obtenus pour les échantillons étudiés, nous remarquons que a et θ augmentent avec le dopage.

gap de $GaAs_{0.985}N_{0.015}$	E_B (eV)	a (meV)	θ (K)
éch. (a) non dopé	1.27	20.5	155
éch. (b), n=0.28 10^{18} cm^{-3}	1.285	35	254
éch. (c), n=2.10 10^{18} cm^{-3}	1.3	29.5	216

Tableau IV-8. *Paramètres d'ajustement utilisés dans le modèle de Bose-Einstein pour les échantillons (a), (b) et (c).*

Nous attribuons l'augmentation de θ à la formation d'un état vibratoire lié au silicium, dont le mode optique longitudinal est situé à 520 cm^{-1}. Par contre l'augmentation de la force d'oscillateur dans les couches dopées au silicium pourrait être due à la diminution de la densité des défauts entraînant ainsi l'augmentation du rendement de la photoluminescence.

De la même manière, nous avons résumé sur les tableaux IV-9 et IV-10 les paramètres d'ajustement, pour les trois échantillons, du modèle d'Arrhénius pour la bande à 0.83 eV et le gap de $GaAs_{0.985}N_{0.015}$ à 1.25 eV.

bande à 0,83 eV	Energie d'activation E_a (meV)	a_1	a_2
éch. (a) non dopé	29	110^{-4}	2110^{-2}
éch. (b), n=0.28 10^{18} cm^{-3}	13.5	3.510^{-4}	510^{-2}
éch. (c), n= 2.10 10^{18} cm^{-3}	10.3	1110^{-4}	0.9810^{-2}

gap à 1.25 eV	Energie d'activation E_a (meV)	a_1	a_2
éch. (a) non dopé	27.5	0.7510^{-4}	2.5010^{-2}
éch. (c), n=2.10 10^{18} cm^{-3}	10.3	1310^{-4}	1.9010^{-2}

Tableaux IV-9 et IV-10. Paramètres d'ajustement des énergies de la bande large et du gap de $GaAs_{0.985}N_{0.015}$ dans le modèle d'Arrhénius pour les échantillons (a), (b) et (c).

Pour la bande située à 0.83 eV, nous constatons que l'énergie d'activation thermique diminue quand le dopage augmente [61]. Ce résultat peut être expliqué par le fait que le dopage introduit par le silicium réduit la barrière entre le niveau de la bande à 0.83 eV et celui de l'état de bande.

D'après la figure IV-1, nous constatons que l'échantillon non dopé (a) présente deux pics d'émission du côté des hautes énergies dont l'un a été attribué à l'état localisé azote (1.21 eV) et l'autre à l'état de bande de GaAsN (1.25 eV), tandis que chacun des échantillons dopés (b) et (c) ne présentent qu'un seul pic. Dans l'échantillon (b) moyennement dopé, le pic principal d'émission est situé à 1.21 eV; dans cette situation le niveau donneur se situe à la même énergie que celle de l'état localisé azote. Pour l'échantillon fortement dopé (c), le pic d'émission est situé à 1.25 eV, légèrement décalé vers le bleu par rapport à l'échantillon (b) ; dans cette situation le niveau donneur se situe à la même énergie que celle de l'état de bande. Ce résultat semble logique du fait que l'énergie d'activation diminue en augmentant le taux de dopage.

III. Etude de l'effet de la puissance :

Dans ce qui suit, nous avons procédé à une étude des échantillons en fonction de la puissance d'excitation et pour des raisons de clarté, nous allons commencer par l'échantillon (c) fortement dopé en silicium.

III. 1. Echantillon (c) :

La figure IV-12 représente les spectres de photoluminescence pour des puissances d'excitation comprises entre 2 et 20 W/cm^2 à la température T= 8K.

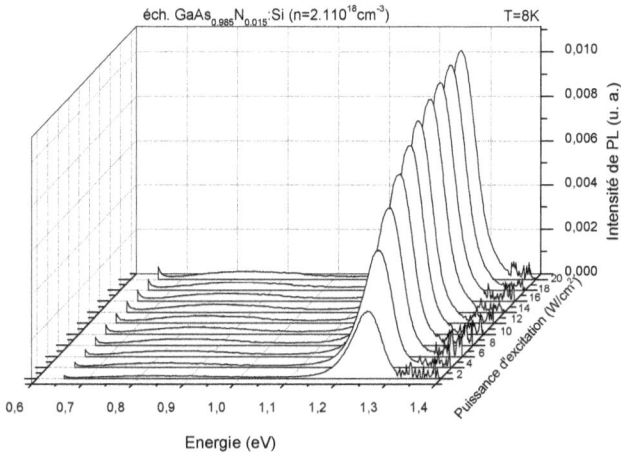

Figure IV-12: *Spectres de PL de l'échantillon (c) avec n=2.10 10^{18} cm^{-3} , à la température de 8K, soumis à une puissance d'excitation dans le domaine 2-20 W/cm^2.*

En analysant les spectres de PL, nous constatons que l'intensité de photoluminescence augmente avec la puissance du laser. Nous remarquons aussi que les pics correspondant à la bande large à 0.83 eV et au gap à 1.25 eV gardent la même énergie pour toutes les puissances d'excitation.

Nous pouvons déterminer la nature des porteurs mis en jeu lors de l'émission, en traçant sur un diagramme Logarithmique l'intensité intégrée de photoluminescence en fonction de la puissance d'excitation, que nous pouvons modéliser à l'aide de la loi linéaire simple [56] :

$$I_{PL} = (I_{ex})^A \qquad \text{eqIV-6}$$

où I_{PL} : représente l'intensité intégrée de photoluminescence.

I_{ex} : représente la puissance d'excitation du laser.

et A : un exposant sans dimension, qui représente la pente de la courbe dans un diagramme Logarithmique.

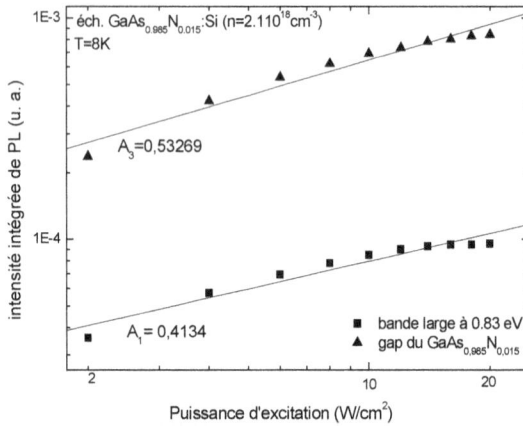

Figure IV-13: *Evolution de l'intensité intégrée de PL en fonction de la puissance d'excitation à T= 8K des pics d'énergie correspondant à la bande 0.83eV et au gap de GaAs$_{0.985}$N$_{0.015}$ de l'échantillon (c) avec n=2.10 10^{18} cm^{-3} . Les droites représentent la linéarisation des points expérimentaux.*

Les pentes correspondantes à une meilleure linéarisation des points expérimentaux sont :

* pour le pic situé à 0.83 eV : A_1=0.41

* pour le pic situé à 1.25 eV : A_3=0.53

Une pente inférieure à 1, permet de conclure, d'après *N. M. Gasanly et al.* [56], qu'il s'agit d'un mélange de processus mettant en jeu des recombinaisons d'excitons liés et de paires donneur-accepteur dues aux atomes d'impuretés. En effet, plus la pente augmente, plus nous nous rapprochons d'une transition excitonique, ce qui nous permet de confirmer encore une fois que le pic P_1 correspond bien à un état relié aux défauts de croissance, tandis que le pic P_3 met en jeu des recombinaisons d'excitons liés, puisque A_1 est inférieure à A_3.

III. 2. Echantillon (b) :

Sur figure IV-14, nous portons les spectres de photoluminescence à la température de 8K de l'échantillon (b) pour un domaine de puissance d'excitation comprise entre 2 à 20 W/cm².

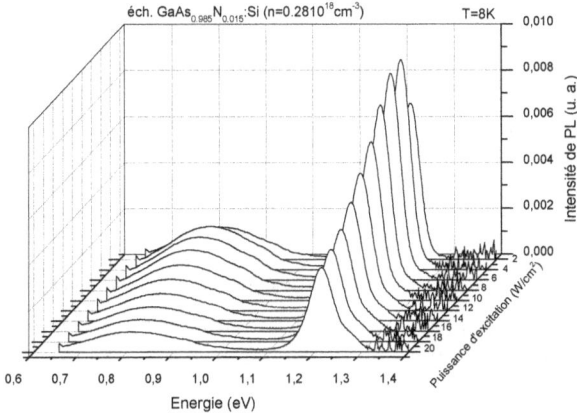

Figure IV-14: *Spectres de PL de l'échantillon (b) avec n=0.28 10¹⁸ cm⁻³ , à la température de 8 K pour une puissance d'excitation dans le domaine 2-20 W/cm².*

Nous notons par contre un effet anormal qui montre, contrairement à ce que nous pouvions attendre, une augmentation de l'intensité de PL pour des puissances d'excitation allant de 2 à 6 W/cm², puis une diminution brusque à partir de 6 W/cm². Ceci est bien visible en diagramme Logarithmique de la figure IV-15, qui représente l'intensité intégrée de PL en fonction de la puissance d'excitation.

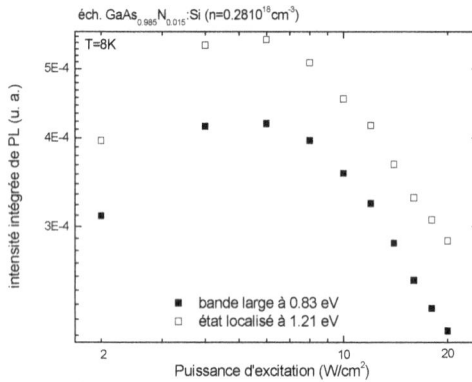

Figure IV-15: *Evolution de l'intensité intégrée de PL en fonction de la puissance d'excitation à T= 8K des pics d'énergie correspondant à la bande large à 0.83eV et de l'état localisé azote à 1.21 eV de l'échantillon (b) avec n=0.28 10^{18} cm^{-3}.*

III. 3. Echantillon (a) :

Nous portons sur la figure IV-16 les spectres de PL pour des puissances d'excitation comprises entre 2 et 20 W/cm² à la température 8K.

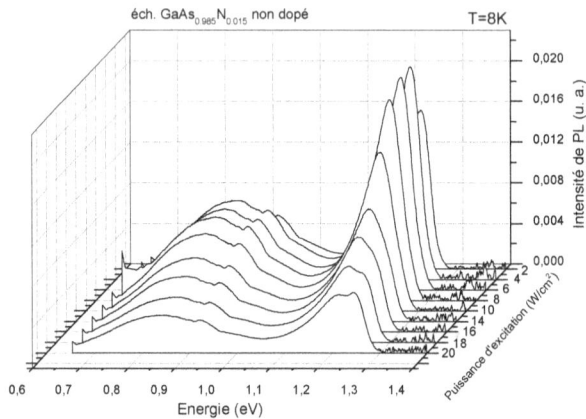

Figure IV-16: *Spectres de PL de l'échantillon (a) non dopé soumis à une puissance d'excitation dans le domaine 2-20 W/cm² à la température de 8K.*

De même que l'échantillon (b), nous remarquons que les pics respectivement situés en 0.83 et 1.21 eV gardent une énergie fixe, indépendante de la puissance d'excitation. Nous distinguons dans l'étude de l'échantillon (a) (figure IV-16) la présence du pic d'émission relatif à l'état localisé azote pour des puissances comprises entre 2 et 14 W/cm^2, qui s'élargit progressivement jusqu'à l'apparition du pic d'émission relatif au gap situé à 1.25 eV dès que la puissance d'excitation atteint 16 W/cm^2. En effet, l'augmentation de la puissance d'excitation a pour effet de peupler de plus en plus les niveaux les plus profonds. Comme la densité de l'état localisé (P_2) est généralement plus faible que celle de l'état de bande (P_3), ce dernier va dominer le spectre de photoluminescence pour les hautes puissances d'excitation.

Nous notons la même anomalie que l'échantillon (b) quant à la variation de l'intensité intégrée en fonction de la puissance d'excitation. En effet, l'intensité de photoluminescence augmente pour des valeurs de puissances laser allant de 2 à 6 W/cm^2, puis commence à diminuer au delà de 8 W/cm^2. Ceci est bien visible dans le diagramme Logarithmique de la figure IV-17, qui représente l'intensité intégrée de PL en fonction de la puissance d'excitation.

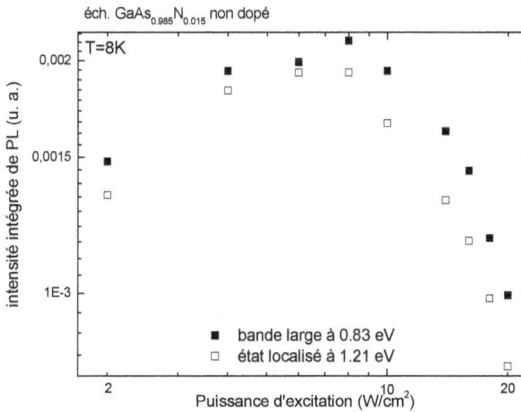

Figure IV-17: *Evolution de l'intensité intégrée de PL en fonction de la puissance d'excitation à T= 8K des pics d'énergie correspondant à la bande 0.83eV et à l'état localisé azote de l'échantillon (a) non dopé.*

III. 4. Conclusion:

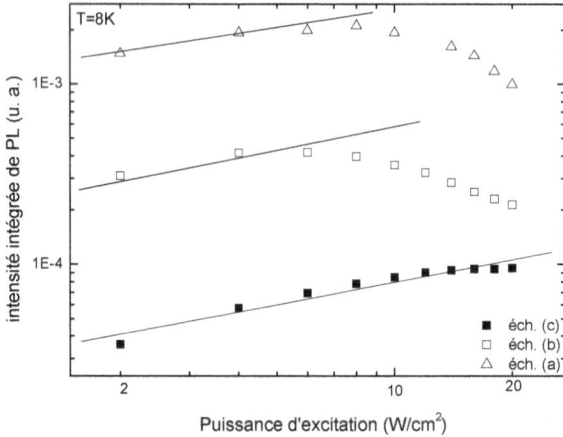

Figure IV-18: *Evolution de l'intensité intégrée de PL en fonction de la puissance d'excitation à T= 8K du pic d'énergie correspondant à la bande 0.83eV des échantillons (a) non dopé, (b) avec n=0.28 10^{18} cm^{-3} et (c) avec n=2.10 10^{18} cm^{-3}.*

Nous remarquons que les pentes obtenues pour les faibles puissances d'excitation augmentent avec la concentration du silicium. Ceci nous permet de dire que pour l'échantillon (a) non dopé, le processus de recombinaison de la bande large est essentiellement dû aux porteurs liés aux défauts. En augmentent le dopage, le processus de recombinaison met en jeu de plus en plus de porteurs libres, ceci est révélé par l'augmentation de la valeur de la pente. Pour les hautes puissances d'excitation, nous notons que l'intensité intégrée diminue brusquement pour l'échantillons non dopé, par contre cette diminution est moins prononcée dès que nous augmentons le taux de dopage. Cet effet dû à des recombinaisons non radiatives des porteurs est bien connu sous le nom d'effet Auger (chapitre III).

71

Conclusion

Dans le cadre de ce mémoire, nous avons présenté une étude expérimentale par photoluminescence sur des couches de $GaAs_{0.985}N_{0.015}$ dopées au silicium.

L'étude en fonction de la température des structures nous a permis d'identifier la nature des pics d'émission observés du côté des hautes énergies. Nous avons pu attribuer un pic située à 1.21 eV à un état localisé azote et un autre situé à 1.25 eV à l'état de bande du $GaAs_{1-x}N_x$. Pour confirmer la nature de ces bandes, nous avons utilisé le modèle d'anticroisement de bandes (BAC) relatif à une composition d'azote de 1.5 %. Du côté des basses énergies, nous avons noté une diminution de l'intensité de la bande large en augmentant la concentration du silicium. Ce type de comportement nous a permis de qualifier la bande observée à 0.83 eV comme un état piège pour les porteurs libres. Ainsi, nous avons pu conclure que cette bande serait très probablement attribuée à la présence d'états localisés profonds dus à des défauts causés par une croissance tridimensionnelle de la couche de GaAsN. Les paramètres utilisés dans le modèle statistique de Bose-Einstein, nous a permis d'attribuer, pour des taux de dopage croissants, l'augmentation de θ à la formation d'un état vibratoire lié au silicium, et celle de la force d'oscillateur à la diminution de la densité des défauts entraînant l'augmentation du rendement de la photoluminescence. Les paramètres utilisés dans la loi d'Arrhénius pour la bande située à 0.83 eV, nous a permis de constater que l'énergie d'activation thermique diminue quand le dopage augmente.

L'étude en fonction de la puissance d'excitation nous a permis de mettre en évidence un phénomène peu observé pour les deux échantillons : non dopé et faiblement dopé. Il s'agit d'une diminution de l'intensité de photoluminescence en augmentant la puissance d'excitation, cet effet dû à des recombinaisons non radiatives des porteurs est bien connu sous le nom d'effet Auger.

Il est important d'étudier le rôle des défauts cristallins dans les composants à base de semiconducteurs pour l'émission et pour la détection de la lumière [62], puisque ceux-ci sont très sensibles à la présence de défauts qui peut réduire la durée de vie des porteurs par des processus de recombinaisons non radiatives. Notre étude nous a permis de conclure que pour l'échantillon de $GaAs_{0.985}N_{0.015}$ fortement dopé au silicium (n=2.10 10^{18}cm^{-3}), nous avons obtenu un meilleur rendement de photoluminescence pour la transition relative au gap, un piégeage minimal des porteurs par l'état localisé azote, des défauts de croissance tridimensionnel comblés, des énergies d'activation faibles et un processus de recombinaison radiatif. Ceci nous amène à dire qu'une telle concentration de dopage dans les couches de $GaAs_{0.985}N_{0.015}$ est idéale pour la réalisation de composants à base de ce type de matériaux.

Références

[1] S. Laval, 'Physique des semiconducteurs III-V', *Institut d'électronique fondamentale, CNRS*.

[2] H. G. Svavarsson, 'Annealing behaviour of Li and Si impurities in GaAs'. (2003).

[3] J. G. Menchero, R. B. Capaz, B. Koiller, and H. Chacham, *Physical Review B* 59, 2722 (1999).

[4] J. W. Ager III, and W. Walukiewicz, *Semiconductor Science and Technology* 17, 741 (2002).

[5] Peter Y. Yu, Manuel Cardona, 'Fundamentals of Semiconductors: Physics and Materials Properties', *Springer*, Third Edition (2001).

[6] I. Vurgaftman, and J. R. Meyer, *Journal of Applied Physics* 94, 3675 (2003).

[7] H. Bouchriha, 'Interaction rayonnement-matière', *CPU*.

[8] M. Kondow, K. Uomi, A. Niwa, T. Kitatani, S. Watahiki, and Y. Yazawa, *Journal of Applied Physics* 35, 1273 (1996).

[9] M. Weyers, M. Sato, *Applied Physics Letters* 62, 1396 (1993).

[10] M. Sato, *Journal of Crystal Growth* 145, 99 (1994).

[11] M. Weyers, M. Sato, H. Ando, *Japenese Journal of Applied Physics*, Part 2, 31 L853 (1992).

[12] K. Onabe, D. Aoki, J. Wu, H. Yaguchi et Y. Shiraki, *Phys. Stat. Sol. (a)* 176, 231 (1999).

[13] H. Grüning, L. Chen, T. Hartmann, P. J. Klar, W. Heimbrodt, F. Höhnsdorf, J. Koch et W. Stolz, *Phys. Stat. Sol. (b)* 215, 39 (1999).

[14] Charles Kittel, 'Physique de l'état solide', *Dunod*, 7ème édition, (1998).

[15] R. Chtourou, F. Bousbih, S. Ben Bouzid, and F. F. Charfi, *Applied Physics Letters* 80, 2075 (2002).

[16] W. Walukiewicz, W. Shan, J. Wu, , and K. M. Yu, *Chapter II*, (2004).

[17] J. Neugebauer, and C. G. Van de Walle, *Physical Review B* 51, 10568 (1995).

[18] I. A. Buyanova, W. M. Chen, and B. Monemar, *MRS Internet Journal of Nitride Semiconductor Res.* 6, 1 (2001).

[19] D. G. Thomas, J. J. Hopfield, and C. J. Frosch, *Physical Review Letters* 15, 857 (1965).

[20] **R. A. Logan, H. G. White, and J. D. Dow,** *Physical Review Letters* **13**, 139 (1968).

[21] **H. P. Hjalmarson, P. Vogl, D. J. Wolford, and J. D. Dow,** *Physical Review Letters* **44**, 810 (1980).

[22] **W. Shan, W. Walukiewicz, J. W. Ager III, E. E. Haller, J. F. Geisz, D. J. Friedman, J. M. Olson, and S. R. Kurtz,** *Physical Review Letters* **82**, 1221 (1999).

[23] **A. N. Kocharyan,** *Soc. Physical Solid State* **28**, 6 (1986).

[24] **M. A. Ivanov, and Y. G. Pogorelov,** *Sov. Phys. JETP* **61**, 1033 (1985).

[25] **W. Shan, K. M. Yu, W. Walukiewicz, J. Wu, J. W. Ager III, and E. E. Haller,** *Journal of Physics: Condensed Matter* **16**, S3355 (2004).

[26] **P. W. Anderson,** *Nobel Lecture* (1977).

[27] **P. W. Anderson,** *Physical Review* **124**, 41 (1961).

[28] **Edgard Elbaz,** 'Quantique', *ellipses*, (1995).

[29] **J. Wu, W. Walukiewicz, and E. E. Haller,** *Physical Review B* **65**, 233210 (2002).

[30] **J. P. Julien, D. Mayou,** *Journal de Physique I* **3**, 1861 (1993).

[31] **F. Yonezawa, and K. Morigaki,** *Supp. Prog. Theor. Phys.* **53**, 1 (1973).

[32] **R. J. Elliott, J. A. Krumhansl, and P. L. Leath,** *Rev. Mod. Phys.* **46**, 465 (1974).

[33] **H. Mahr,** *Physical Review* **122**, 1464 (1961).

[34] **K. M. Yu, W. Walukiewicz, W. Shan, J. W. Ager III, J. Wu, E. E. Haller, J. F. Geisz, D. J. Friedman, and J. M. Olson,** *Physical Review B* **61**, 13337 (2000).

[35] **C. Skierbiszewski, P. Perlin, P. Wisniewski, T. Suski, J. F. Geisz, K. Hingerl, W. Jantsch, D. Mars, and W. Walukiewicz,** *Physical Review B* **65**, 35207 (2001).

[36] **W. Shan, W. Walukiewicz, K. M. Yu, J. W. Ager III, E. E. Haller, J. F. Geisz, D. J. Friedman, J. M. Olson, S. R. Kurtz, H. P. Xin and C. W. Tu,** *Phys. Stat. Sol. (b)* **223**, 75 (2001).

[37] **A. Mascharenhas, Yong Zhang, Jason Verley, M. J. Seong,** *Superlattices and Microstructures* **29**, 395 (2001).

[38] **J. Wu, W. Shan, and W. Walukiewicz,** *Semiconductor Science and Technology* **17**, 860 (2002).

[39] **Bart Van Zeghbroeck,** 'Principles of Semiconductor Devices' (2002).

[40] **T. Mannoubi et M. Mejatty,** 'Mécanique Statistique', *CPU*, (1999).

[41] **Thomas. Wichert, Manfred Deicher,** *Nuclear Physics A* **693**, 327 (2001).

[42] **Rafal Jakiela, Adam Barcz,** *Vacuum* **70**, 97 (2003).

[43] **T. E. Lamas, A. A. Quivy, S. Martini, M. J. da Silva, J. R. Leite,** *Thin Solid Films* **74**, 25 (2005).

[44] H. G. Svavarsson , J. T. Gudmundsson, G. I. Gudjonsson, H. P. Gislason, *Physica B* **308-310**, 804 (2001).

[45] I. D. Goepfert, E.F. Schubert, A. Osinsky, P. E. Norris, and N. N. Faleev, *Journal of Applied Physics* **88**, 2030 (2000).

[46] W. T. Tsang, E. F. Schubert, J. E. Cunningham, *Applied Physics Letters* **60**, 115 (1992).

[47] **Henry Mathieu**, 'Physique des semiconducteurs et des composants électroniques', *Masson*, 3ème édition (1996).

[48] **J. Cazaux**, 'Initiation à la physique des solides', *Masson*, 3ème édition (1996).

[49] **Jerry Woodall**, 'Studies of Minority Carrier Recombination Mechanisms in Be doped GaAs for optimal high speed LED performance', (2002).

[50] **V. Berger**, 'Principes physiques des lasers à semiconducteurs', *EDP Sciences*, (2002).

[51] **A. Miyagawa, T. Yamamoto, Y. Ohnishi, J. T. Nelson, T. Ohachi**, *Journal of Crystal Growth* **237-239**, 1434 (2002).

[52] **R. E. Viturro, M. R. Melloch, and J. M. Woodall**, *Applied Physics Letters* **60**, 24 (1992).

[53] **Martin Adamcyk**, ' Epitaxial growth of dilute Nitride-Arsenide compounds grown by MBE ', (2002).

[54] **H. Yaguchi, S. Kikuchi, Y. Hijikata, S. Yoshida, D. Aoki, and K. Onabe**, *Phys. Stat. Sol. (b)* **228**, 273 (2001).

[55] **L. Vina, S. Logothetidis, M. Cardona**, *Physical Review B* **30**, 1979 (1984).

[56] **N. M. Gasanly, A. Aydinli, and N. S. Yuksek**, *Journal of Physics: Condensed Matter* **14**, 13685 (2002).

[57] **N. S. Yuksek, N. M. Gasanly, A. Aydinli, H. Ozkan, and M. Acikgoz**, *Cryst. Res. Technol.* **39**, 800 (2004).

[58] **J. Krustok, H. Collan, and K. Hjelt**, *Journal of Applied Physics* **81**, 1442 (1997). [18]

[59] **H. Dumont, L. Auvray, Y. Monteil, F. Saidi, F. Hassen, and H. Maaref**, *Optical Materials* **24**, 303 (2003).

[60] **F. Saidi, F. Hassen, H. Maaref, L. Auvray, H. Dumont, and Y. Monteil**, *Materials Science and Engineering C* **21**, 245 (2002).

[61] **M. A. Reshchikov, G. –C. Yi, and B. W. Wessels**, *MRS Internet Journal of Nitride Semiconductor Res.* **4S1**, G11.8 (1999).

[62] **H. W. Kunert**, Nuclear Instruments and Methods in Physics Research B **181**, 293 (2001).

[63] **Wladek Walukiewicz,** *Physica E* **20**, 300 (2004).

[64] **Neil W. Ashcroft et David Mermin**, 'Physique des solides', *EDP Sciences*, (2002).

[65] **Suryanti Girlani and Laurence P. Sadwick**, *The University of Utah's Journal of Undergraduate Research*, (1991).

[66] **N. Ben Sedrine, A. Hamdouni, J. Rihani, S. Ben Bouzid, F. Bousbih, J. C. Harmand and R. Chtourou**. *American Journal of Applied Science* **4** (1), 19-22 (2007).

www.ingramcontent.com/pod-product-compliance
Lightning Source LLC
Chambersburg PA
CBHW021121210326
41598CB00017B/1534